5大主題，54款好看又實用的布包
+
講解製作重點的詳細照片教程

MY POUCH！
我的手作
隨身布包

日本ヴォーグ社／編著
梅應琪／譯

CONTENTS

PART 1 簡單的巧思

PART 2 基本的樣式

PART 3 方便且實用

PART 4 需要活用技巧

PART 5 獨一無二的有趣造形

Lesson

MY
POUCH
BOOK

PART 1 簡單的巧思
simple ideas

這章節介紹作法簡單，可以輕鬆做出來的小布包。
每種款式都能一下子就完成。

HITSCHLER
Comme prix, tu peux
Tu as gagné

no. 1

像氣球的 圓滾滾束口袋

這是用6片拼布
縫在一起做成的束口袋。
束起袋口，就會變成氣球般的圓球形。
可以用2種布交互搭配，
也可以全部都用不同的布，
五顏六色也很可愛。

size ▸▸▸ 15.3×13.5cm
design ▸▸▸ 河田明子
how to make ▸▸▸ p.74

no. 2

方形拼接的 彈片口金小布包

作法很簡單，
只要把4片長方形的碎布，
與正方形的底縫在一起。
袋口穿過彈片口金，
單手就能開合，相當方便。

size ▸▸▸ 11.8×12×6cm
design ▸▸▸ 河田明子
how to make ▸▸▸ p.74

Passion
de Saint Jean
depuis 1650

no. 3

摺疊後就能做出側襠的小布包

打開這個小布包的掀蓋，中央就會出現大大的開口。
把開口摺起來，馬上變成側襠。
做個大尺寸的用來放卡片，
中或小尺寸的用來放藥或糖果，應該很不錯吧？

size ▸▸▸ 大：10×12cm 中：6.5×8cm 小：4×6cm
design ▸▸▸ 宮內真利子
how to make ▸▸▸ p.07,75

打開掀蓋的模樣。將本體縫成筒狀，加上掀蓋後就完成了。

摺疊後就能做出側襠的小布包

把長方形的本體像摺紙一樣摺疊起來，加上掀蓋就完成了。
材料、配置圖、原寸紙型請參照75頁。

1

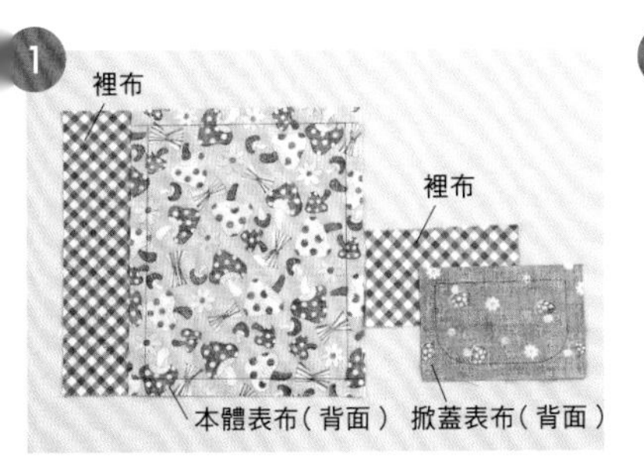
裡布
裡布
本體表布（背面）
掀蓋表布（背面）

準備好本體與掀蓋的表布、裡布，在兩片表布的背面畫上縫線。

2

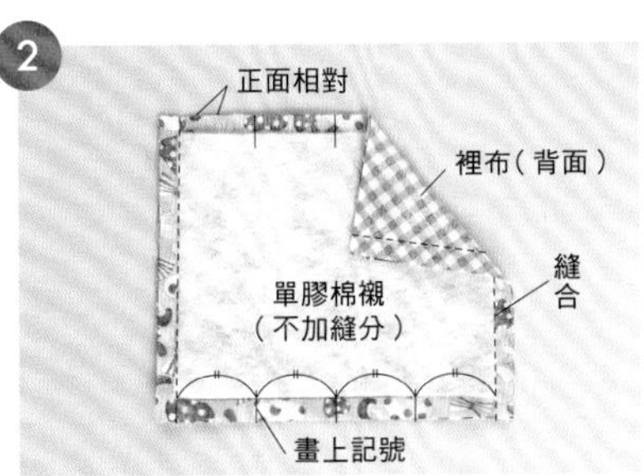
正面相對
裡布（背面）
縫合
單膠棉襯
（不加縫分）
畫上記號

剪下一片不加縫分的單膠棉襯，貼在表布背面，將表布與裡布以正面相對重疊，將單膠棉襯的兩側邊緣從一端縫至另一端，然後在上方與下方分別畫上4等分的記號。

3

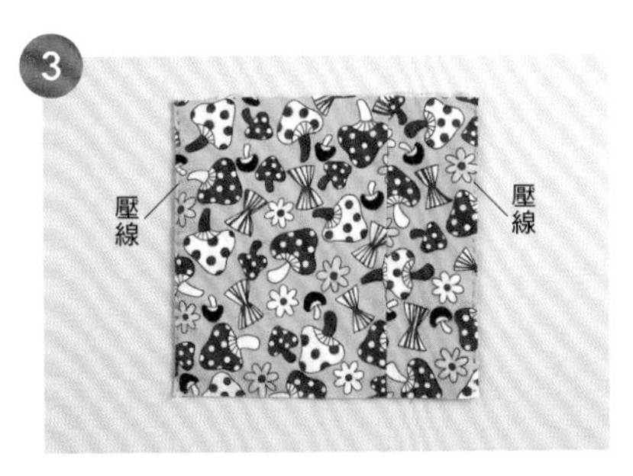
壓線
壓線

翻回正面，在縫好的兩側壓線固定棉襯。

4

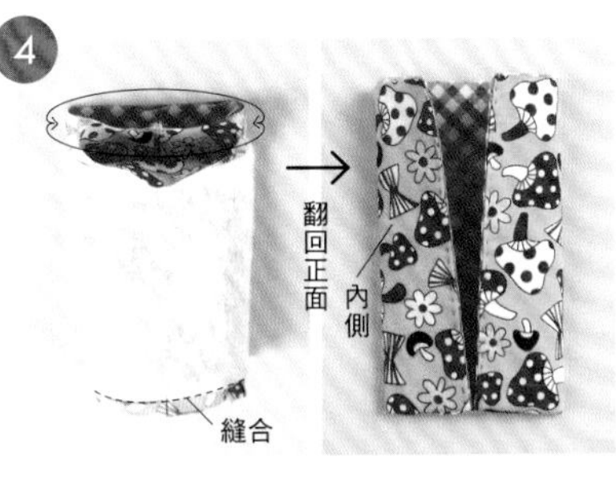
翻回正面
內側
縫合

把❸翻回背面，將兩側朝中心凹入碰在一起摺疊好，縫完底部再翻回正面。

5

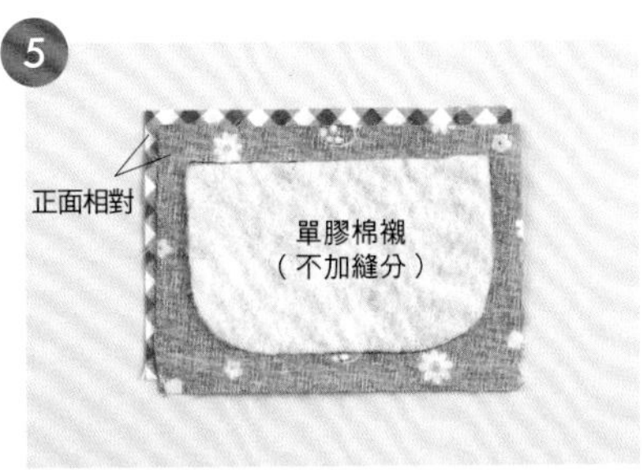
正面相對
單膠棉襯
（不加縫分）

剪下一片不加縫分的單膠棉襯，貼在掀蓋的表布背面，將表布與裡布以正面相對重疊。

6

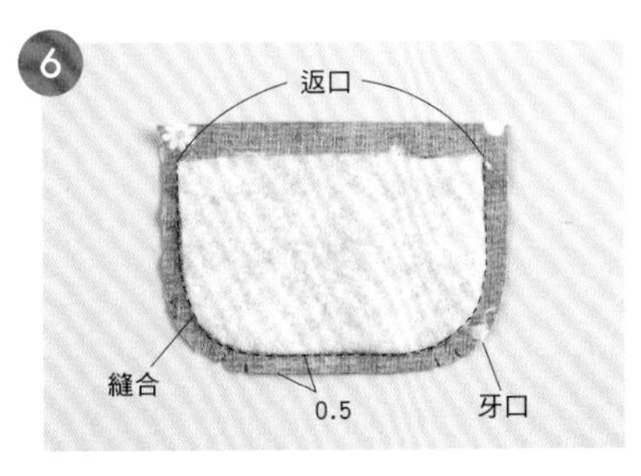
返口
縫合
0.5
牙口

留下返口，縫合虛線標記的部分。剪出0.5cm的縫分，並在轉彎處剪出牙口。

7

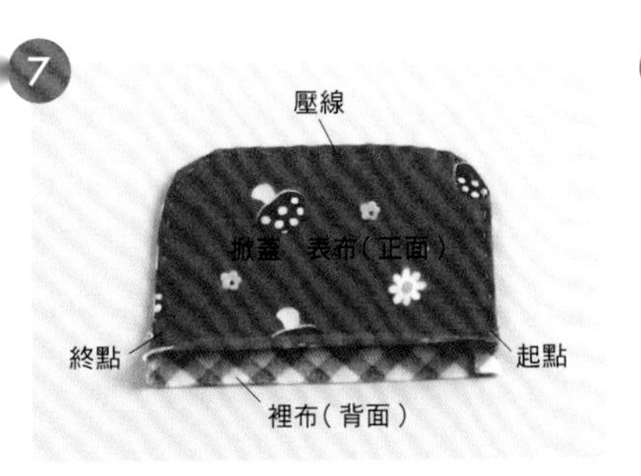
壓線
掀蓋 表布（正面）
終點
起點
裡布（背面）

翻回正面，從照片上標記的起點到終點，在掀蓋周圍壓線固定棉襯。

8

縫合
正面相對
後側

將本體的後側與掀蓋的正面以正面相對重疊，避開掀蓋裡布的縫分，將兩者縫在一起。

9

斜針縫

把縫分塞進掀蓋裡，再將掀蓋裡布的縫分摺進去，斜針縫在本體上。

10

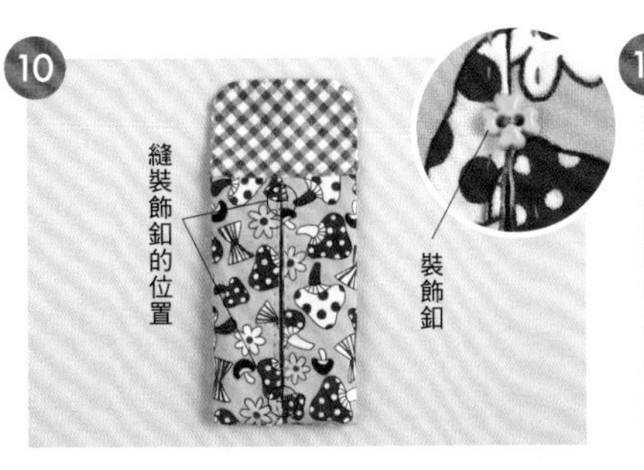
縫裝飾釦的位置
裝飾釦

做大尺寸與中尺寸的包包時，在開口縫上裝飾釦。

11

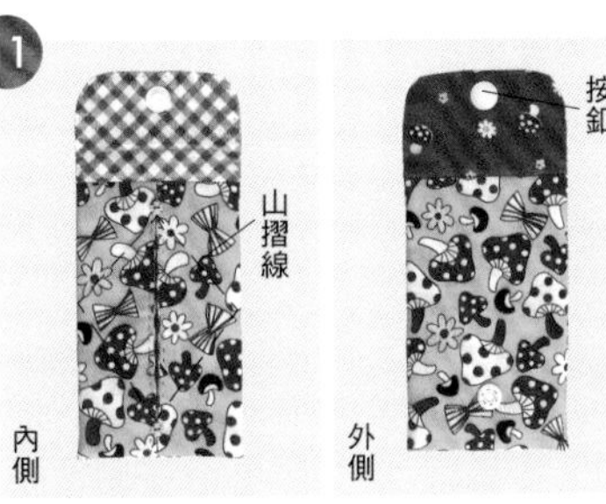
山摺線
內側
按釦
外側

在掀蓋與本體裝上按釦。

12

按照山摺線摺疊起來就完成了。

no.4

用捲尺做的One touch小布包

這個創意小布包利用了意想不到的材料，
就是把家庭五金量販店等處賣的捲尺當成口金使用。
只要有一個捲尺，就可以做出好幾個小布包。
包包本體可以用拼布或羊毛布，享受自由搭配的樂趣。

size ▸▸▸ 12.5×14×8cm
design ▸▸▸ 宮內真利子
how to make ▸▸▸ p.09,75

口布夾著三角形布耳，拉開兩邊的布耳，就可以大大打開袋口。

用捲尺做的One touch小布包

剪下的捲尺兩端很尖銳，為了避免割傷，
要貼上紙膠帶保護。材料與配置圖請參照75頁。

1

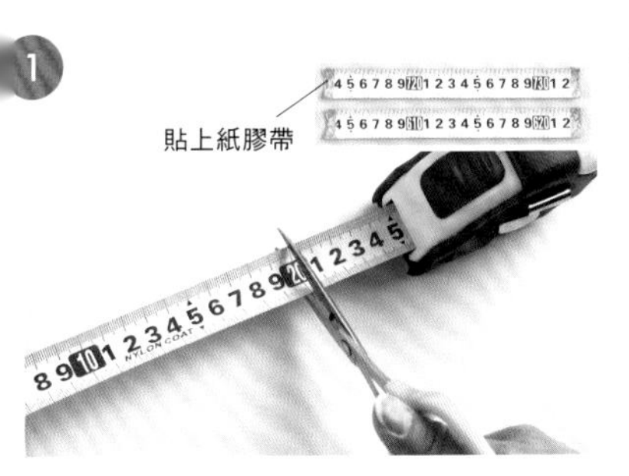

貼上紙膠帶

用事務剪刀剪下兩段20cm長的捲尺備用。在兩端的切口貼上紙膠帶。

2

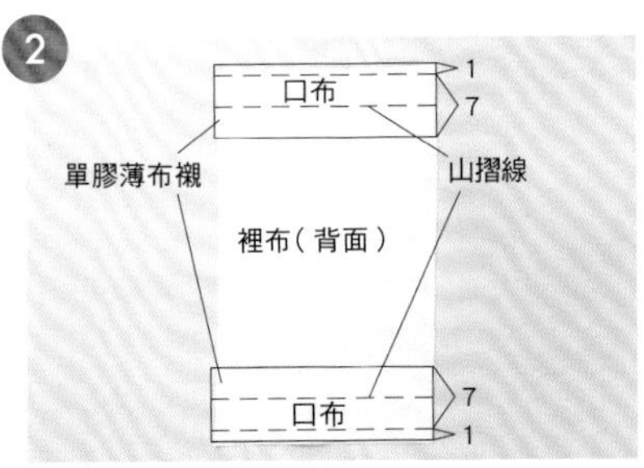

口布
1
7
單膠薄布襯
山摺線
裡布（背面）
口布
7
1

剪下一片上下縫分各1cm、左右縫分各1.5cm的裡布，在裡布背面兩端貼上單膠薄布襯，並先摺出縫分與口布的山摺線。

3

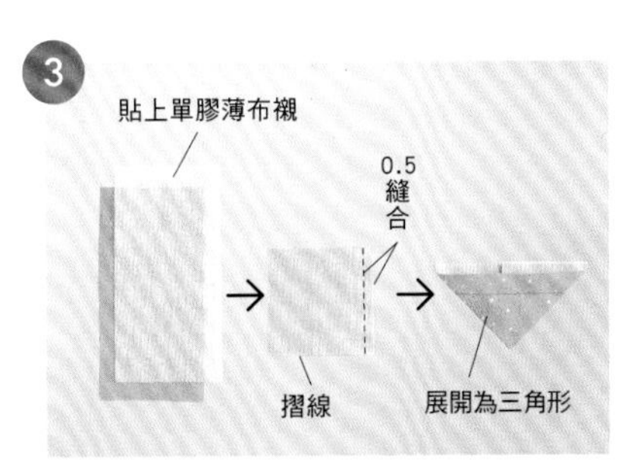

貼上單膠薄布襯
0.5
縫合
摺線
展開為三角形

在布耳用布的背面貼上單膠薄布襯，再將正面朝內對摺，縫合一邊之後，展開為三角形。

4

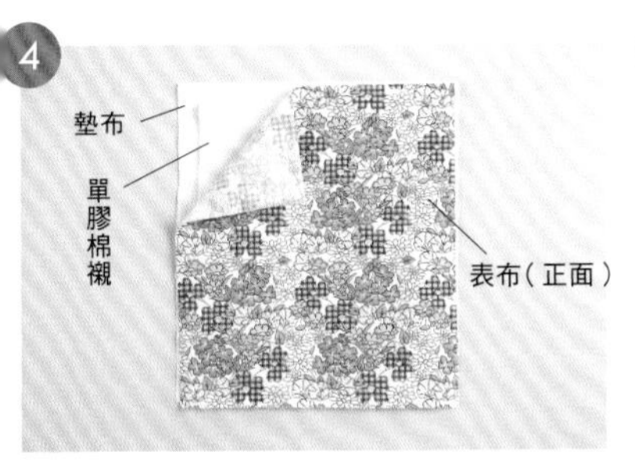

墊布
單膠棉襯
表布（正面）

剪一片縫分與裡布相同的表布，在表布貼上單膠棉襯，疊在墊布上後，壓線縫上喜歡的圖案（絎縫）。

5

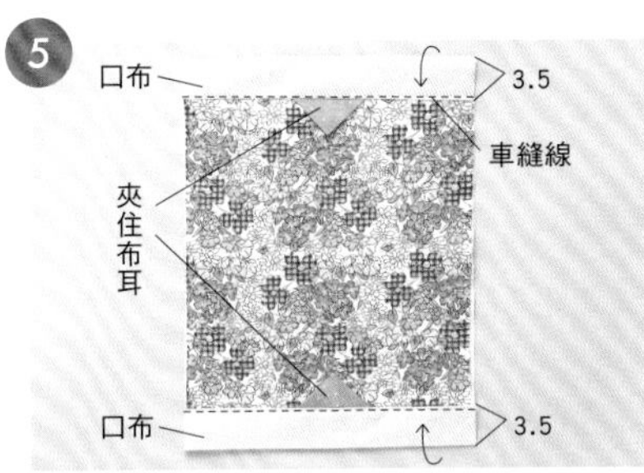

口布
3.5
車縫線
夾住布耳
口布
3.5

將裡布與表布重疊，把口布的部分往回摺，把布耳夾在正中間，車縫裝飾線。

6

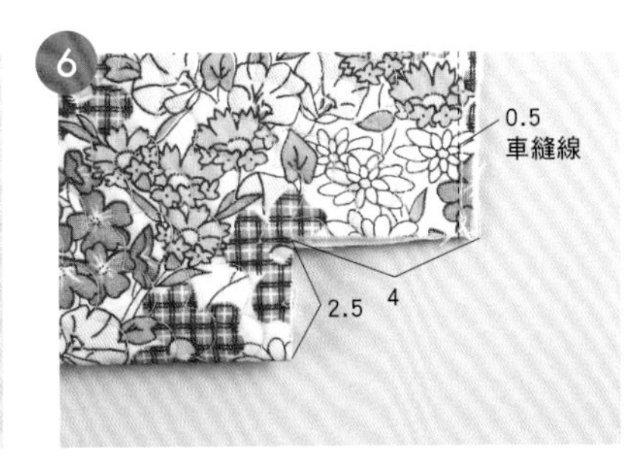

0.5
車縫線
2.5
4

以正面朝外對摺，剪出兩端的側檔。在單邊的側邊0.5cm處車縫起來。

7

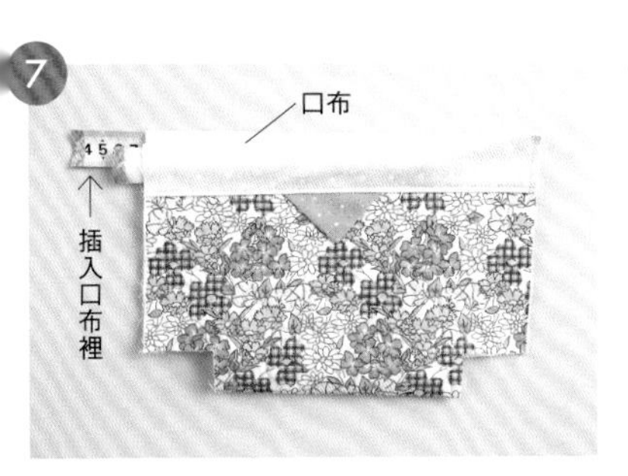

口布
插入口布裡

把剪下的捲尺分別插入前後的口布裡，與❻一樣在0.5cm處將側邊車縫起來。

8

1
車縫線
1
車縫線

把❼翻到背面，在兩側留1cm縫分車縫，做成袋縫。

9

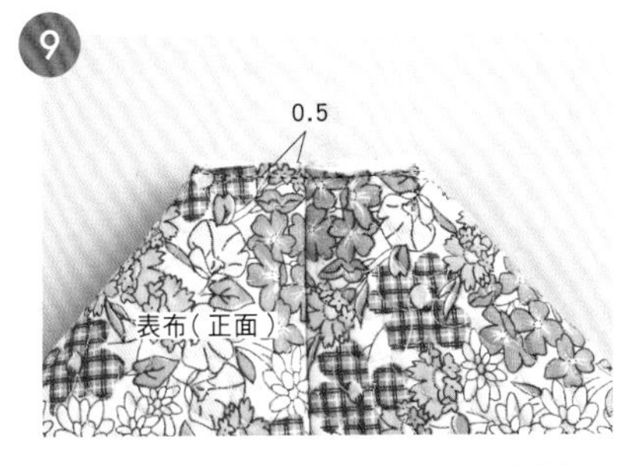

0.5
表布（正面）

把❽翻回正面，將底部拉平，在0.5cm處車縫，做出T型側檔。

10

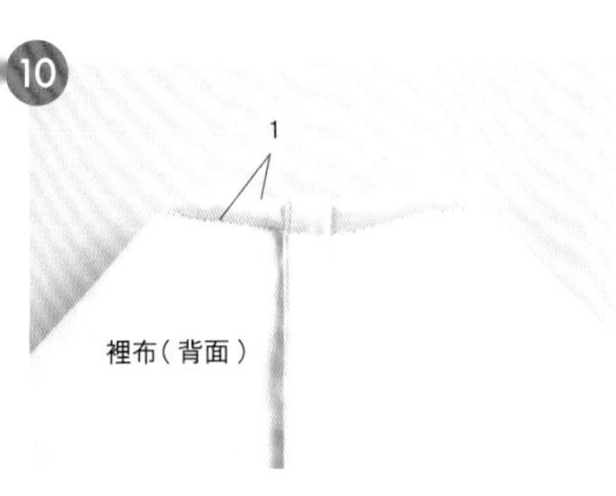

1
裡布（背面）

把❾翻回背面，在兩端留1cm縫分車縫，做成袋縫。

11

翻回正面，完成。

point

PARIS

如果不做側檔，就會變成扁平小布包。

no.5

三角形小布包

將本體摺成三角形，
只要在掀蓋縫上按釦，一轉眼就完成了！
裝上鉤環，還可以當成包包上的小裝飾。
因為製作上相當簡單，
也可以用蕾絲或水波緞帶來裝飾。

size ▸▸▸ 大：一邊11cm　小：一邊7cm
design ▸▸▸ 秋本雅子
how to make ▸▸▸ p.67

迷你款式的尺寸可放入10元硬幣，掛在包包上，萬一有需要時就能派上用場。

no.6

愛心形的摺疊式小布包

這是用愛心形狀的本體摺疊做成的信封型小布包。
打開掀蓋後，愛心布貼
就會悄悄露出臉來。
製作本體時，不管是用一片布
或是用拼布，都很可愛。

size ▸▸▸ 7.5×13cm
design ▸▸▸ 上栗惇子
how to make ▸▸▸ p.76

若打開掀蓋時要讓心形布貼朝上，縫布貼時要讓圖案與本體的方向上下相反。

no.7

用裡布做側襠的束口袋

這是把表布與裡布縫成一片後做成的束口袋。
由於是用2片尺寸相同的布做的，所以非常簡單。
裡布會從側襠露出來，
因此可以在布上做些變化，玩味色彩搭配的樂趣。

size ▸▸▸ 14×8×4cm
design ▸▸▸ 高木良子
how to make ▸▸▸ p.13

用裡布做側襠的束口袋

縫側襠的時候，為了讓裡布可以從表布那一面露出來，重點在於要將縫分左右分開。
可以依個人喜好在繩結上加裝飾。

●材料
表布、裡布…各20×35cm
針織繩…50cm・兩條
繩結裝飾用布…10×20cm

1
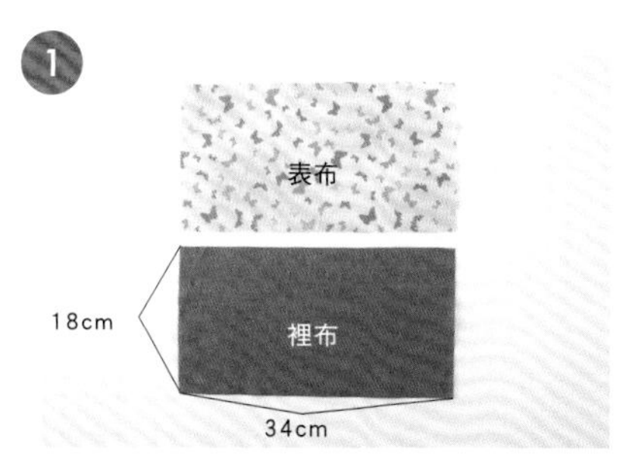
表布
裡布
18cm
34cm

先準備好16×32cm、周圍縫分1cm的表布與裡布。

2
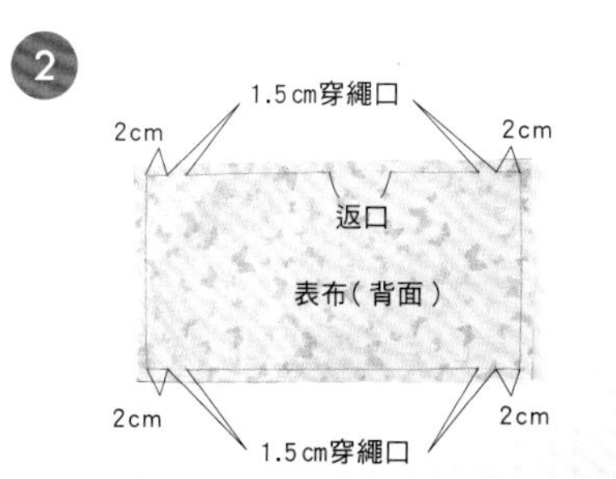
1.5cm穿繩口
2cm
2cm
返口
表布（背面）
2cm
2cm
1.5cm穿繩口

將表布與裡布以正面相對重疊，留下5cm返口與4個1.5cm的穿繩口不縫，其餘部分縫起來。

3
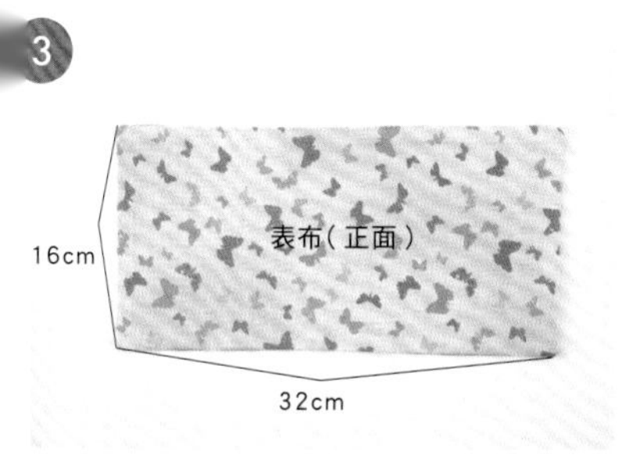
表布（正面）
16cm
32cm

從返口翻回正面，用熨斗熨平。返口先不要斜針縫起來。

4
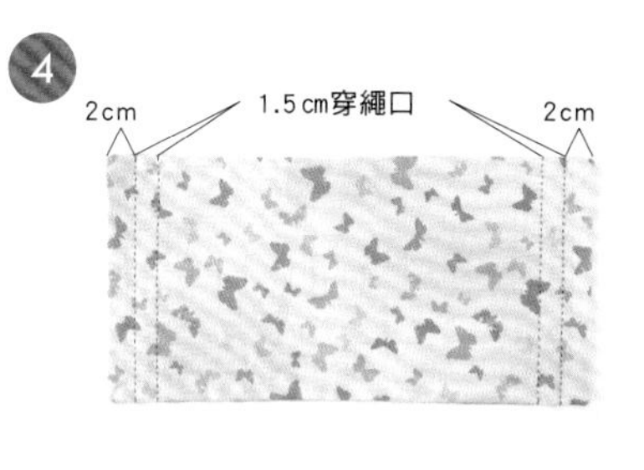
2cm
1.5cm穿繩口
2cm

縫出穿繩通道。

5
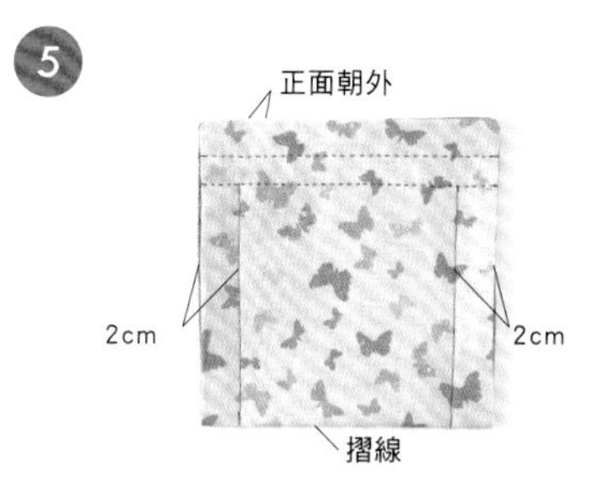
正面朝外
2cm
2cm
摺線

將本體以正面朝外對摺，在穿繩通道下方的兩側縫合2cm的縫分。

6

裡布（正面）

從袋口翻回背面。

7

側邊線
4cm

左右分開裡面表布那一側的縫分，在袋底兩側摺出三角形，使側邊線對準底部中央，接著在兩側車縫出4cm的側襠。

8

從袋口翻回正面，讓兩條繩子分別穿過穿繩通道後就完成了。

繩結裝飾的作法

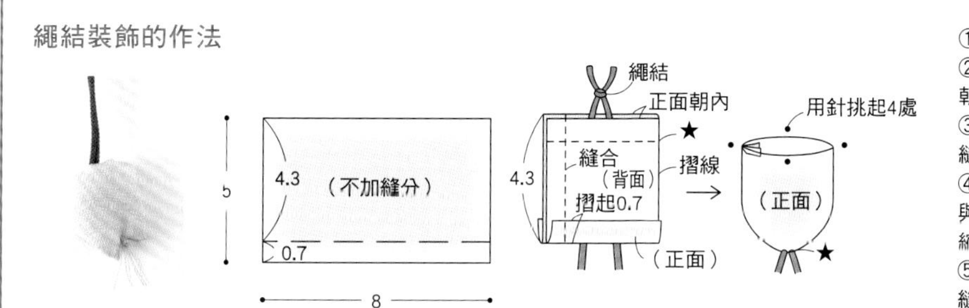
5
4.3
（不加縫分）
0.7
8
繩結
正面朝內
★
縫合
4.3
（背面）
摺線
摺起0.7
（正面）
用針挑起4處
（正面）
★

①準備2片5×8cm的布（不加縫分）。
②將一邊往背面摺起0.7cm，再把正面朝內對摺。
③留0.7cm的縫分，將摺線對面的側邊縫起來。
④穿過繩結，並在內側0.7cm處將繩子與布一同縫合。縫好之後拉緊線使布縮起來，再把線打結。
⑤從摺起來的一邊翻回正面，用針挑縫起開口4處，拉緊線使布縮起來就完成了。

MY
POUCH
BOOK

PART 2 基本的樣式

Works to make in basic forms

從作法簡單的扁平小布包開始，本單元會有各種不同款式、有側襠的小布包登場，每一種款式都很經典，設計上也很方便好用。

LEGIPOSTA
PAR AVION
N.ST.

no.8

貝殼形的小布包

N.ST.

這是袋口呈弧形，有側襠的小布包。
把海軍風的圖案拼接起來，
配色相當柔和。
來學學如何用縫紉機
漂亮地將拉鍊縫上弧形的布吧！

size ▸▸▸ 8.5×10×5cm
design ▸▸▸ 青山惠子
how to make ▸▸▸ p.17,77

no.9

扁平小布包

可以當筆袋，也可以當化妝包，
扁平小布包是用途廣泛的基本款。
翻到下一頁，就可以學到
如何用縫紉機漂亮地
將拉鍊縫在直線袋口上。

size ▸▸▸ 12.5×21cm
design ▸▸▸ 青山惠子
how to make ▸▸▸ p.16,76

Lesson

拉鍊的縫法

不會縫拉鍊的人應該很多，這裡就來介紹用縫紉機簡單車縫的方法。
只要掌握重點，就能縫得很漂亮。

縫在直線上

1

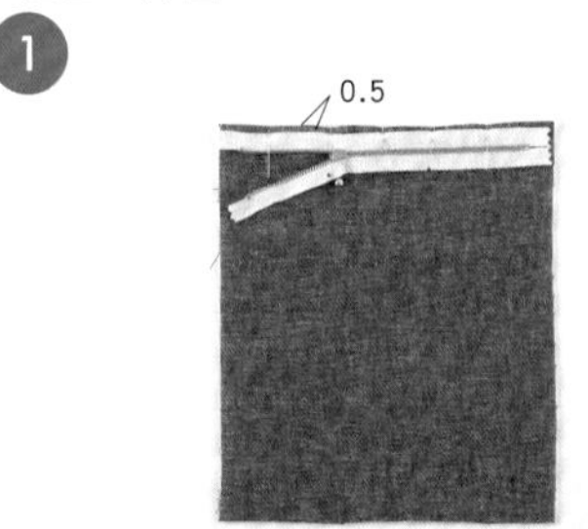
0.5

在拉鍊中央上下兩處的背面做記號。將本體的袋口（單側）與拉鍊以正面相對重疊，把拉鍊固定於距離本體布邊（包含縫分）0.5cm的地方。

2

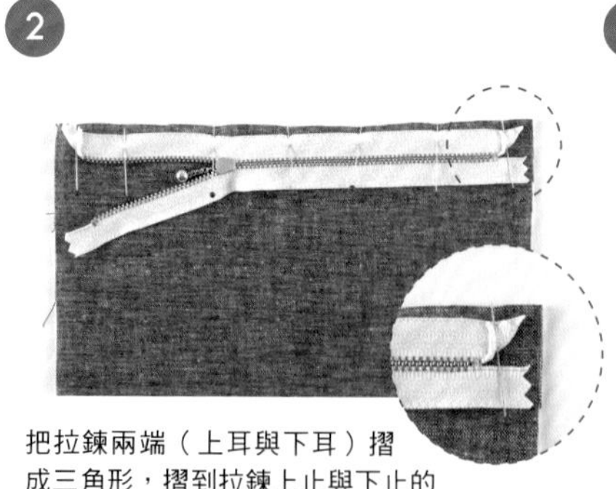

把拉鍊兩端（上耳與下耳）摺成三角形，摺到拉鍊上止與下止的位置。

3

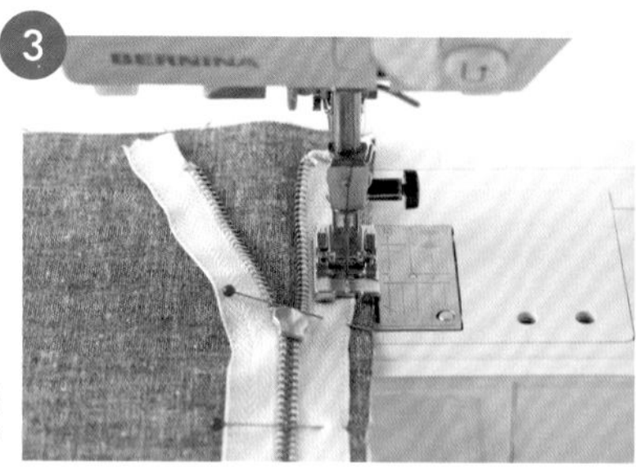
BERNINA

在距離拉鍊布帶邊緣0.2cm處車縫（距離本體布邊0.7cm）。起針與收針時要回針縫。

4

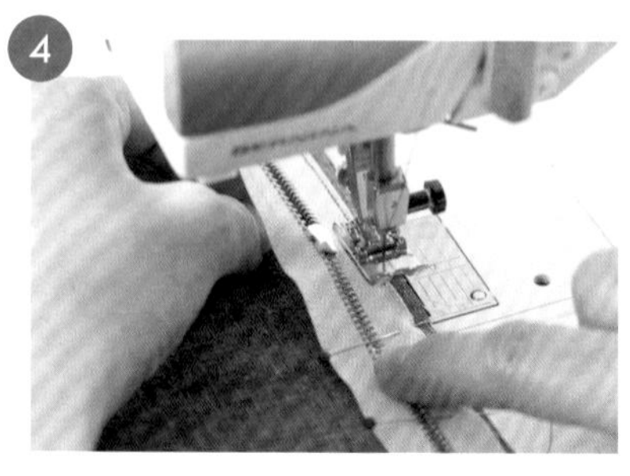

先把拉鍊拉開一段，車到拉鍊頭的位置時讓車針停在布上，抬起壓布腳，把拉鍊頭往上拉到底，再接著車縫下去。這條縫線是假縫線。

5

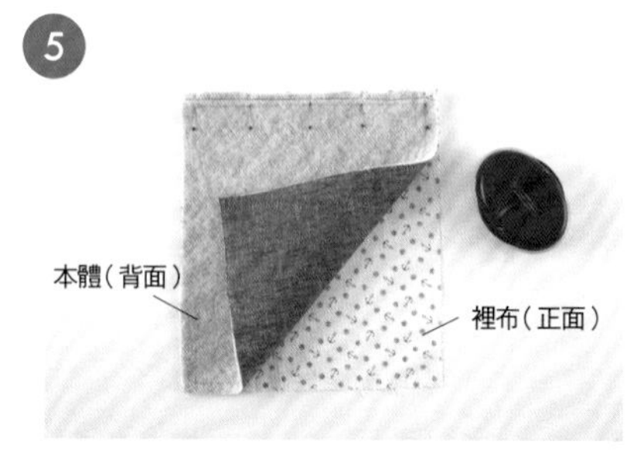
本體（背面）
裡布（正面）

將本體與裡布重疊。由於是要車縫在本體那一面，因此把裡布放在下面，與表布以正面相對重疊，並在縫線上插珠針固定。

6

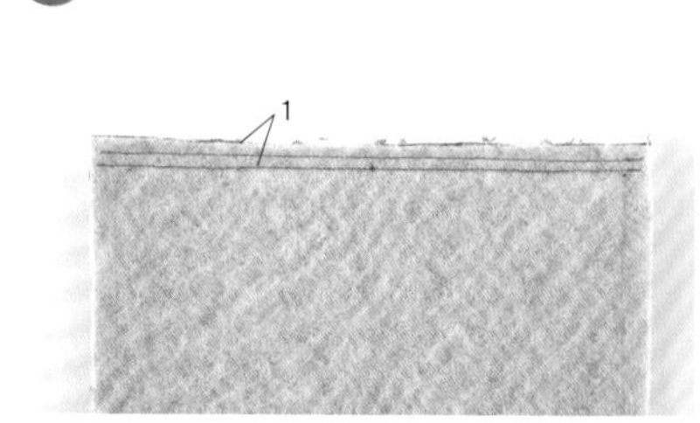
1

與假縫時一樣，一邊拉拉鍊一邊車縫，起針與收針也都要回針縫。

7

翻回正面，拉鍊的一邊已經縫好了。

Point

翻回正面時，要確認鍊齒會不會離袋口太近。如果沒有留下讓拉鍊頭通過的空間，開關的時候會夾到布。

8

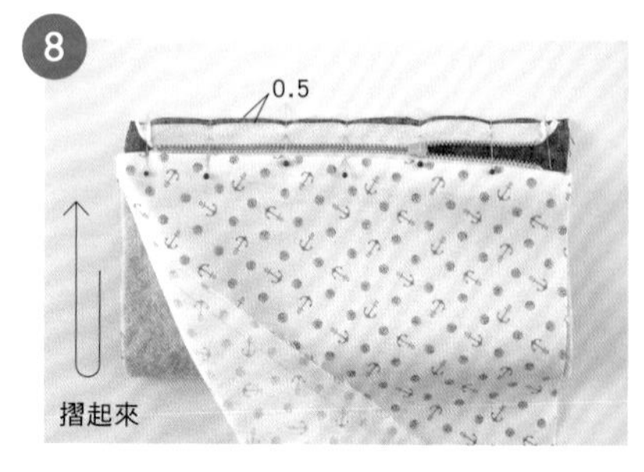
0.5
摺起來

車縫拉鍊的另一邊。首先只把本體以正面朝內摺起來，把拉鍊疊放在距離袋口下方0.5cm處。

9

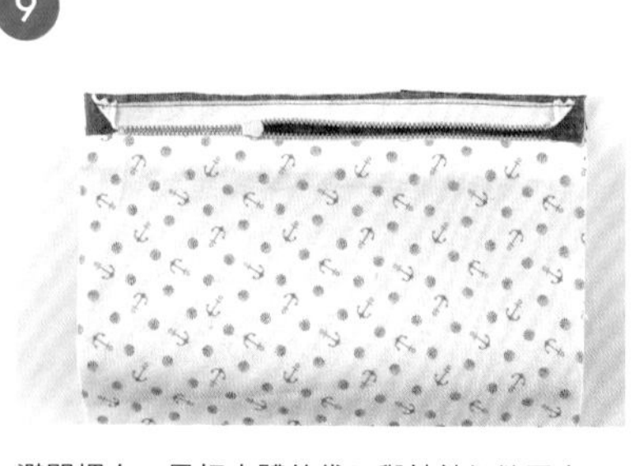

避開裡布，只把本體的袋口與拉鍊假縫固定。

10

摺起來

把裡布以正面朝內摺起來，對齊本體的布邊。

11

車縫時要車本體那一面。把正式的縫線車在假縫線下面，就可以把拉鍊漂亮地縫上去。可以剪掉袋口多餘的縫分。

縫在弧線上

1

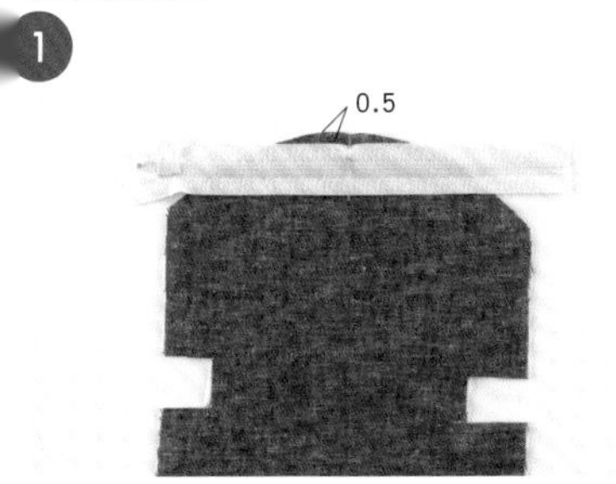
0.5

在拉鍊中央上下兩處的背面做記號。

2

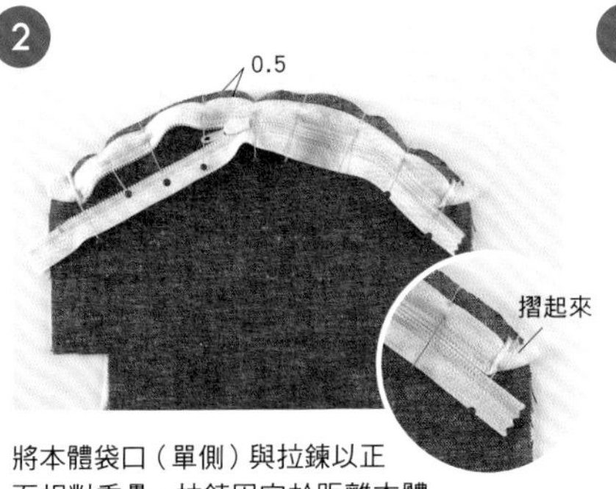
0.5
摺起來

將本體袋口（單側）與拉鍊以正面相對重疊，拉鍊固定於距離本體布邊（包含縫分）0.5cm處。把拉鍊兩端（上、下耳）摺成三角形，摺到拉鍊上止與下止的位置。

3

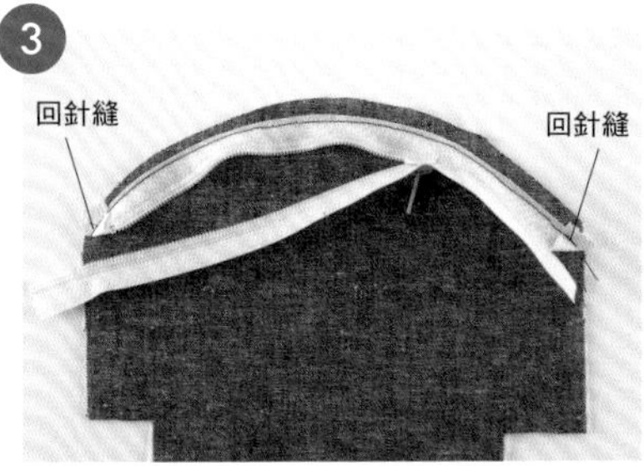
回針縫
回針縫

在距離拉鍊布帶邊緣0.2cm處車縫（距離本體布邊0.7cm）。起針與收針時要回針縫。

4

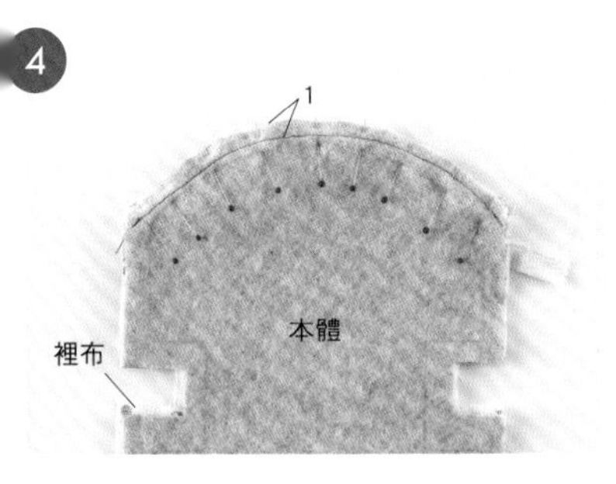
1
本體
裡布

將本體與裡布重疊。由於是要車縫在本體那一面，因此把裡布放在下面，與表布以正面相對重疊，並在縫線上插珠針固定之後車縫。

5

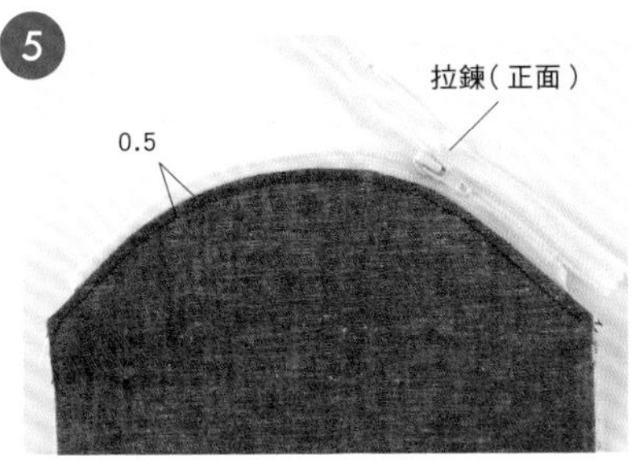
0.5
拉鍊（正面）

翻回正面，將距離袋口邊緣0.5cm處車縫起來。

6

摺線

另一邊的袋口也一樣，按照本體與拉鍊、裡布的順序車縫，翻回正面再車縫袋口邊緣。

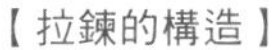

希望能先知道的拉鍊小知識

【拉鍊的構造】

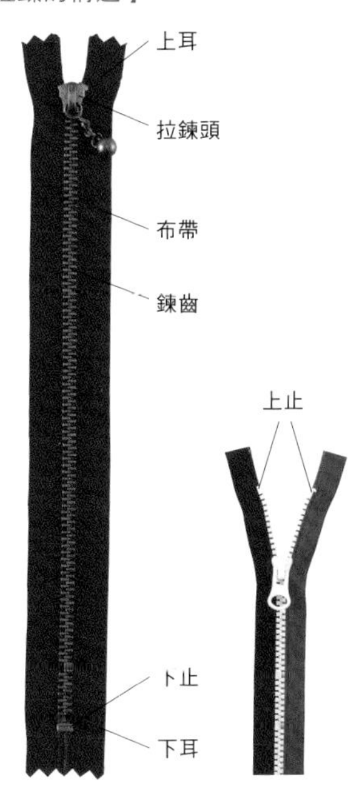
上耳
拉鍊頭
布帶
鍊齒
上止
下止
下耳

【拉鍊的長度】

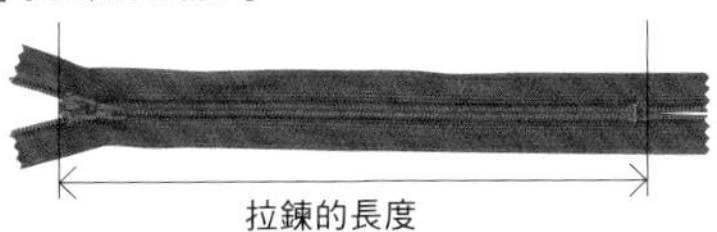
拉鍊的長度

挑選拉鍊時，出乎意料最令人迷惘的是長度。將一條拉鍊拉到頂端，從拉鍊頭的頂端到下止的長度，就是市售拉鍊標示的長度。

【基本上要配合作品挑選】

若用縫紉機車縫，挑選比作品的袋口短約1cm的拉鍊，就能縫得很漂亮。如果拉鍊與袋口一樣長，會沒有充足的空間，不僅很難縫上去，也很難開關，例如若要搭配20cm的小布包，就要用19cm的拉鍊。如果想用20cm的拉鍊，小布包就要做成21cm。

【拉鍊的種類】

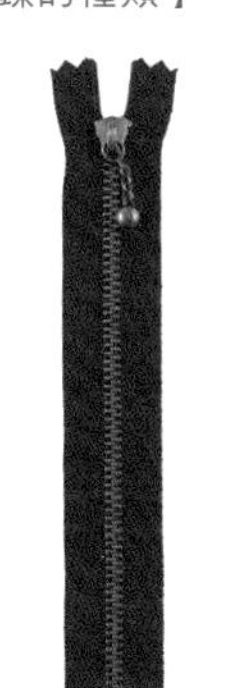

金屬拉鍊　　塑膠拉鍊

拉鍊種類繁多，製作小布包時常用的，是鍊齒用金屬製成的「金屬拉鍊」，以及用塑膠製成的「塑膠拉鍊」。金屬拉鍊的鍊齒與拉鍊頭有金色、古金色與銀色；塑膠拉鍊的特色，是比同樣大小的金屬拉鍊輕，而且比較軟比較好縫，也很容易縫在圓弧形的作品上。

no. 10

綴以蕾絲的
扁平小布包

前片是兩種布拼接而成的簡約風格，
不過只要中間綴以蕾絲，就能給人華麗的印象。
每一種尺寸都很好用，
讓人想三種尺寸都做。

size ▸▸▸ 大：13×20cm 中：12×18cm 小：10×15cm
design ▸▸▸ 柴 尚子
how to make ▸▸▸ p.78

1958
STYLE
DESIGN
NATURAL BEAU
VINTAGE FABRIC

no.11

有大蝴蝶結的手拿布包

往兩側展開的大蝴蝶結令人印象深刻。
蝴蝶結是將牛仔褲重新利用做成的，
洋溢著休閒的氣氛。
可放入A4大小的文件，是很好用的尺寸。

size ▸▸▸ 25×35cm
design ▸▸▸ 柴 尚子
how to make ▸▸▸ p.79

1958

將手穿過蝴蝶結的內側拿著。用蝴蝶結固定住，因此可以穩定地拿著走。

享受拼布樂趣的扁平小布包

這是用較大片的布料拼接做成的小布包。
表布背面貼了單膠棉襯，
所以不壓線也沒關係，
還可以縫上喜歡的縫線來代替壓線。

size ▸▸▸ 15×20cm
design ▸▸▸ 藤村洋子
how to make ▸▸▸ p.22

no.13

T型側襠小布包

這是用成熟風格的雅緻布料拼接成的小布包。
作法和20頁的小布包一樣，
最後在底部兩側摺出T型側襠，
簡簡單單就能做出有側襠的小布包。

size ▸▸▸ 15×20×4cm
design ▸▸▸ 藤村洋子
how to make ▸▸▸ p.22

PHONE 9

從內側摺出側襠並縫起來。縫合的長度就是側襠的寬度。

Lesson

享受拼布樂趣的扁平小布包／T型側襠小布包

做好表布之後，除了側襠之外，兩種小布包的作法都一樣。
T型側襠的作法，請參考P23方框內的教學。

●材料 no.12
拼布用布…碎布適量
單膠棉襯、內袋…各35×25cm
拉鍊…長20cm1條

●材料 no.13
拼布用布…碎布適量
單膠棉襯、內袋…40×25cm
拉鍊…長20cm1條

●配置圖 no.12

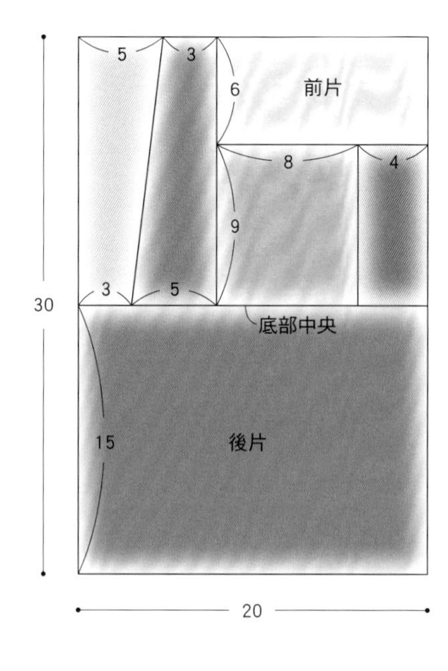

5
3
6
前片
8
4
9
3
5
30
底部中央
15
後片
20

●配置圖 no.13

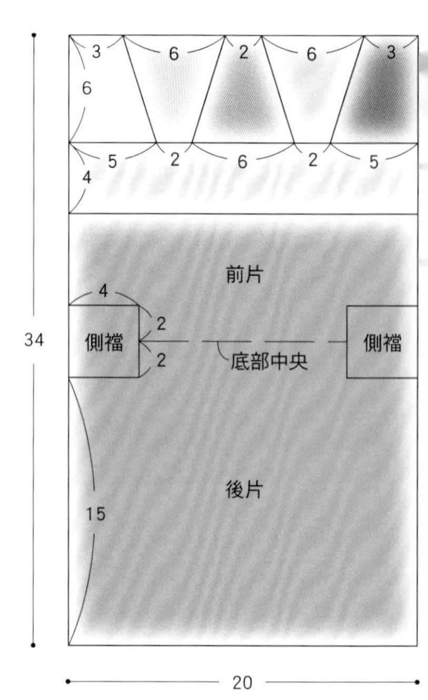

3
6
2
6
3
6
5
2
6
2
5
4
前片
4
2
側襠
2
底部中央
側襠
34
後片
15
20

製作本體

參照配置圖，把布拼接起來，製作表布。

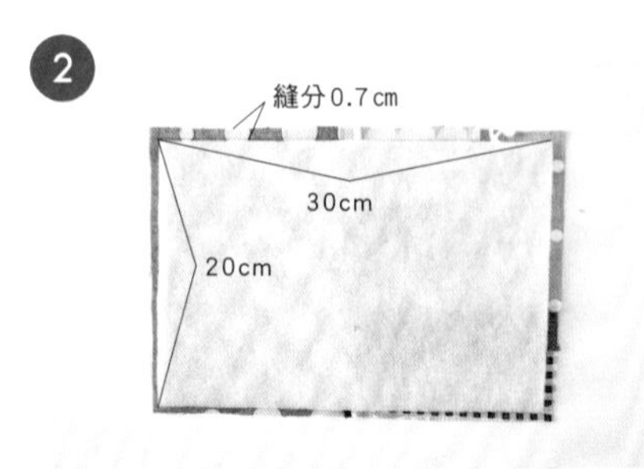

縫分0.7cm
30cm
20cm

剪下30×20cm的單膠棉襯（不加縫分），將背膠面重疊在表布背面。

用中溫的熨斗熨燙表布正面，讓單膠棉襯黏上去。在熱度冷卻後膠才會黏住固定，因此放在桌子之類冰涼的地方冷卻，會黏得更牢。

配合圖案，加上喜歡的壓線或縫線。

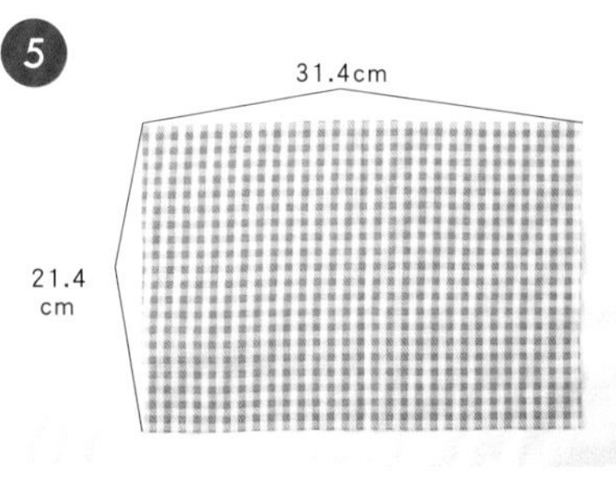

31.4cm
21.4
cm

準備一個與含縫分的表布相同尺寸的內袋。

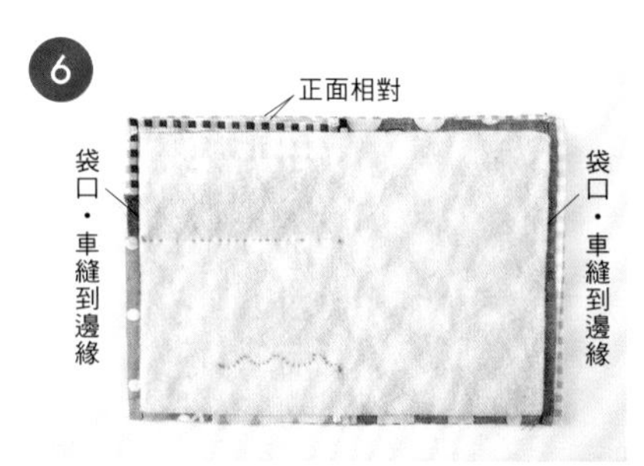

正面相對
袋口・車縫到邊緣
袋口・車縫到邊緣

將本體與內袋以正面相對重疊，縫合袋口。

7

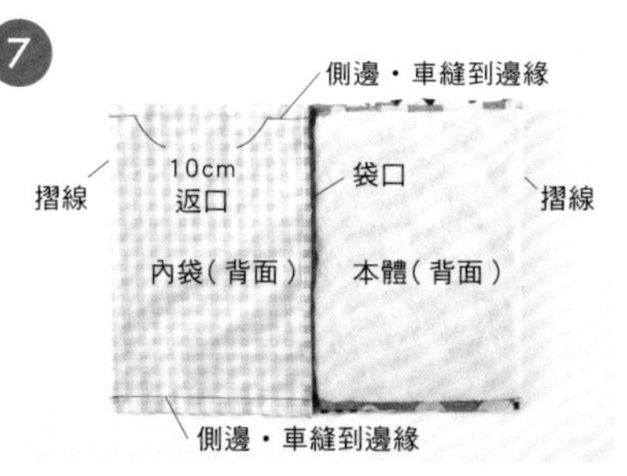
側邊・車縫到邊緣
摺線
10cm
返口
袋口
摺線
內袋（背面）
本體（背面）
側邊・車縫到邊緣

將兩邊袋口移至中央合在一起，使本體與本體、內袋與內袋相疊。先把袋口的縫分分開熨平，如此一來車拉鍊時重疊的布較少，會比較好車縫。接著留下返口，把兩側車縫起來。

8

從返口翻回正面，將返口斜針縫起來。

9

把內袋塞進袋口，本體完成。

車上拉鍊

10

上止

拉上拉鍊，使拉鍊的上止對準本體側邊，並將拉鍊布帶的橫向布紋對準袋口，從本體前片的邊緣開始用珠針固定。

11

將本體裡外翻面，用星止縫固定。

Point

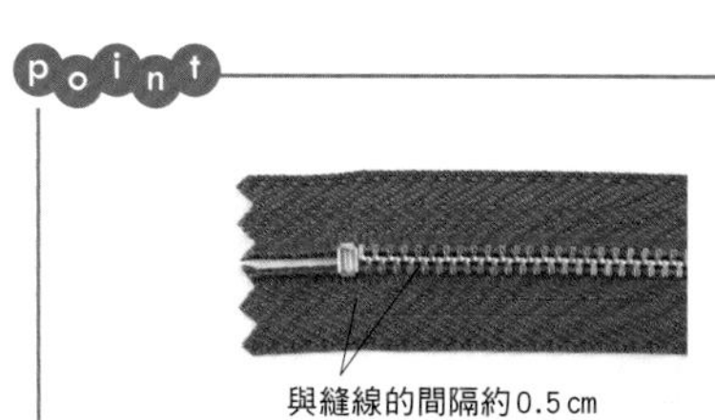
與縫線的間隔約0.5cm

縫拉鍊的時候，以拉鍊布帶的橫向布紋為基準來縫，就可以縫出相同的寬度。

12

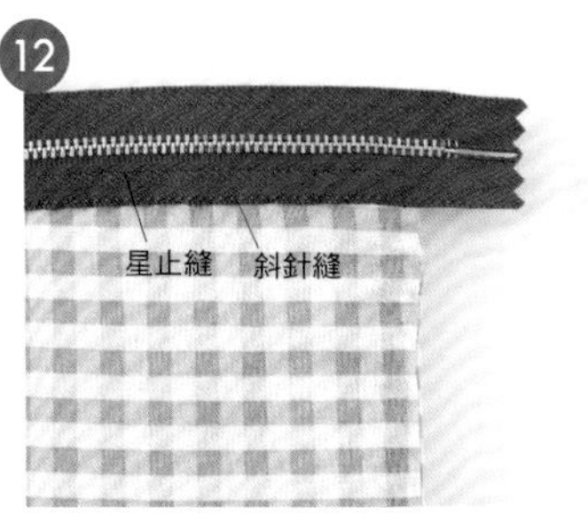
星止縫
斜針縫

將拉鍊布帶的邊緣以斜針縫固定，另一邊也用相同的縫法。將拉鍊的尾端摺進內側，斜針縫在本體內側之後就會比較穩固。

13

從袋口翻回正面就完成了。

【T型側襠的作法】 T型側襠的小布包是在步驟❼之後，在本體與內袋的底部兩側分別摺出三角形，做成側襠。

1

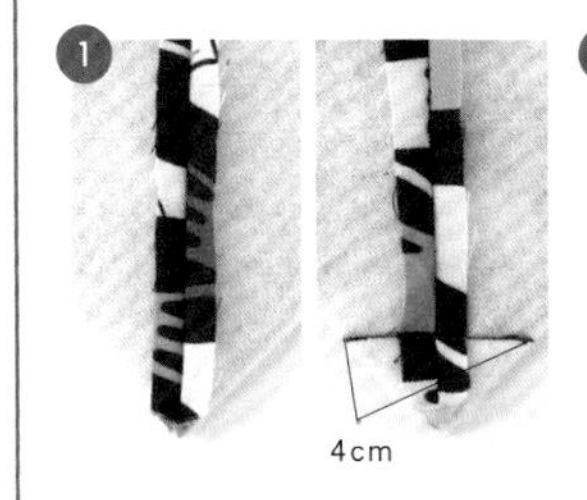
4cm

2

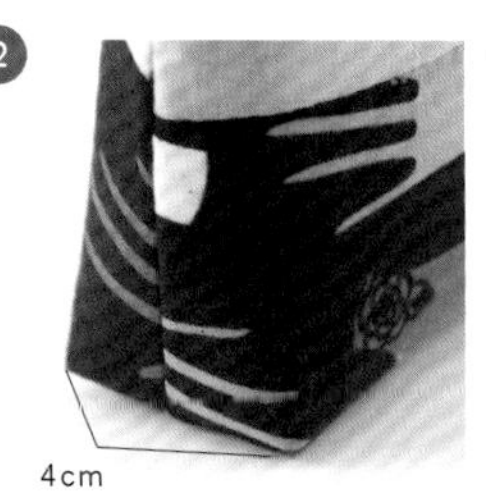
4cm

3

PHONE 9

❶在底部側邊摺出三角形，使側邊線對準底部中央。畫出4cm的側襠線，車縫側襠。因為這是承受重量的部分，起針與收針都要牢牢確實回針。內袋的側襠也用相同方法車縫。
❷這是翻回正面的樣子。做出4cm寬的側襠。
❸縫上拉鍊就完成了。

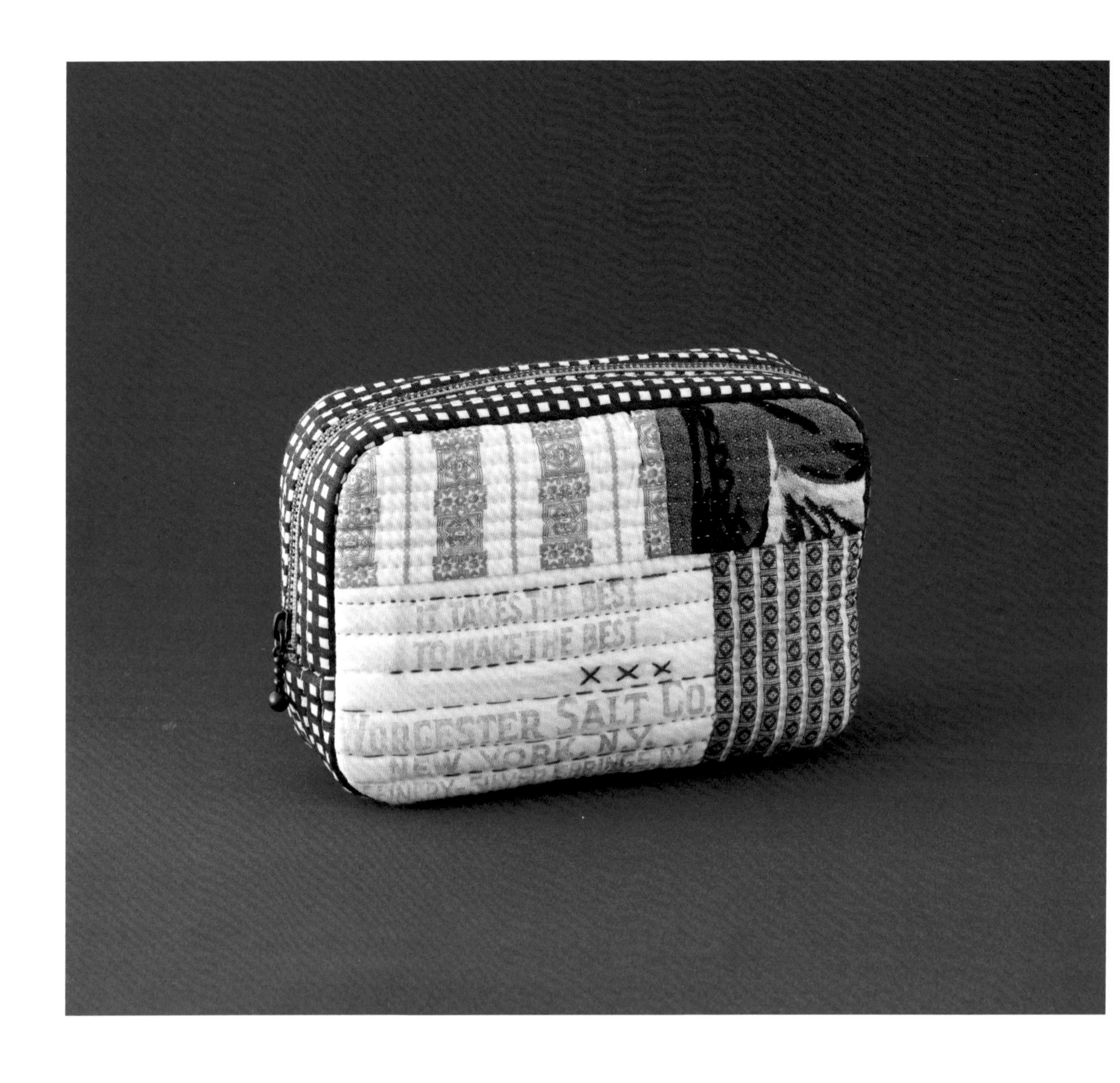
IT TAKES THE BEST
TO MAKE THE BEST
WORCESTER SALT CO.
NEW YORK, N.Y.

no.14

圍一圈拼接側襠的小布包

這是將本體與上側襠、
下側襠分別製作，
再用斜紋包邊條包住做成的小布包。
因為周圍繞著一圈側襠，
收納能力也很棒！

size ▸▸▸ 12×17×5cm
design ▸▸▸ 小關鈴子
how to make ▸▸▸ p.80

上／從側面看小布包。側襠分成中央有拉鍊的上側襠與下側襠。
下／小布包的背面。使用大片綠色布料，給人清爽的感覺。

LAMBETH
HOUSE OF PARLIAMENT
BIG BEN
WESTMINSTER
WELLINGTON BARRACKS
BIRDCAGE WALK
VICTORIA ST
ST. JAMES'S PARK
BUCKINGHAM PALACE
GROSVENOR PLACE
GREEN PARK
THE MALL
HORSE GUARDS
ST. JAMES'S PALACE
PICCADILLY
COUNTY HALL
WATERLOO
FESTIVAL HALL

no. 15

像牛奶糖包裝的小布包

從這個小布包的側面看過去，

摺疊起來的側襠彷彿包裹牛奶糖的包裝紙。

製作方法也很簡單。

從內側來看，就能充分明白包包的結構，

只是把車了拉鍊的包包本體摺疊起來，再車縫兩側而已。

size ▸▸▸ 10×21×10cm

design ▸▸▸ 須藤修代

how to make ▸▸▸ p.81

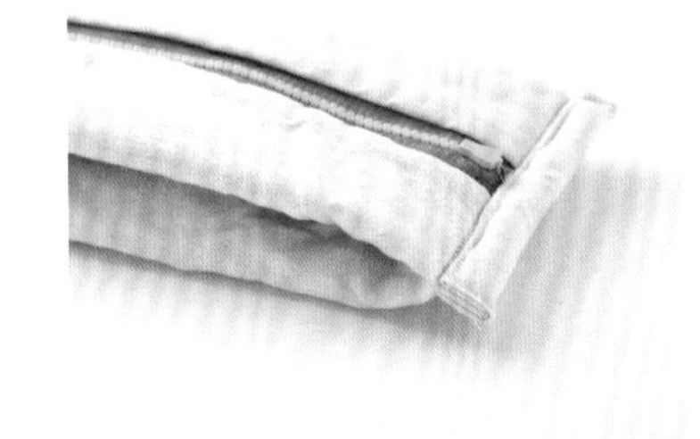

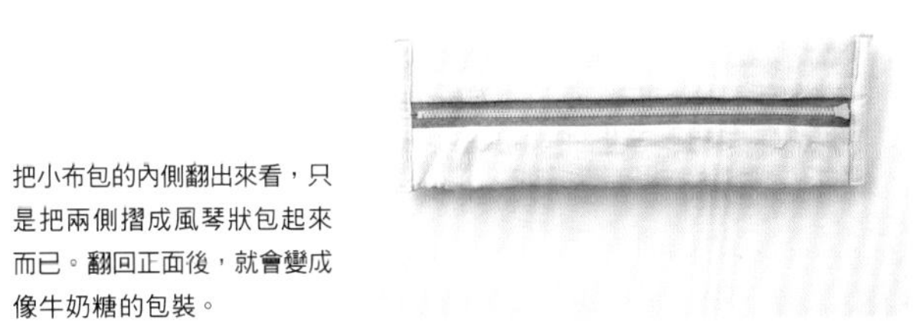

把小布包的內側翻出來看，只是把兩側摺成風琴狀包起來而已。翻回正面後，就會變成像牛奶糖的包裝。

no.16

附口袋的迷你包

這是手掌大的小小拉鍊包。
安裝吊環是為了方便攜帶所下的巧思。
若放入硬幣當成零錢包，
應該會很好用。
口袋可以放卡片進去。

size ▸▸▸ 8.5×11cm
design ▸▸▸ 有岡由利子
how to make ▸▸▸ p.82

即使設計相同，只要換個布料，印象也會大不相同。若在兩側加裝布環，也可以當成迷你小提包使用。

在縫側面的三角形時，建議可以夾著蕾絲一起縫。也可以用鈕釦或小吊飾裝飾，請盡情發揮創意。

no.17

拉鍊縫在外側的小布包

底部與側面的三角形是直接縫在棉襯上做成的。
由於可以同時完成拼布與壓線，
所以一下子就做好了。
最後在本體外面縫上拉鍊，
縫線也成為亮點。

size ▸▸▸ 9×16×9cm
design ▸▸▸ 藤村洋子
how to make ▸▸▸ p.28

Lesson

拉鍊縫在外側的小布包

本體是用一種日文叫做「プレスドキルト（Presto Quilt）」，也就是直接把布縫在棉襯上的縫法做成的。
一次就能做好，相當輕鬆。

●材料
A、B布…碎布適量
薄棉襯…40×20cm
內袋…40×15cm
碼裝拉鍊…長45cm
拉鍊頭…1個
蕾絲、鈕釦、小吊飾…各適量

製作本體

1

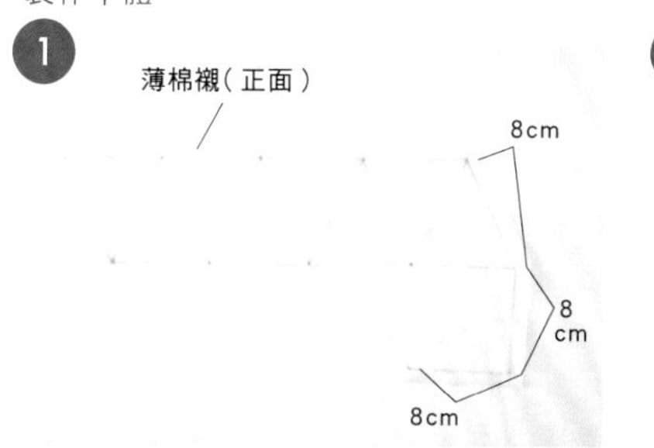

薄棉襯（正面）
8cm
8
cm
8cm

在薄棉襯上畫出1個邊長8cm的正方形，與8個邊長8cm的正三角形，在周圍預留1cm縫分後剪下。

2

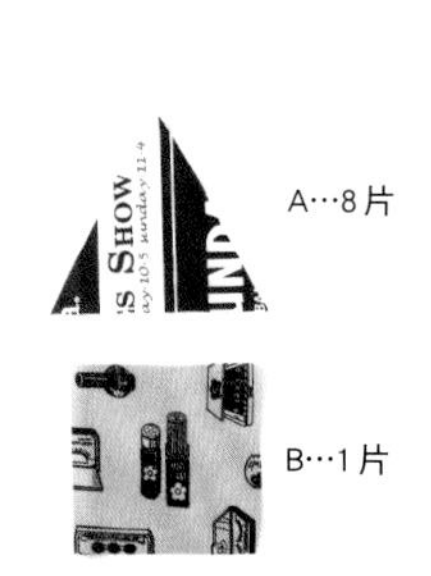

A…8片
B…1片

準備8片邊長8cm的正三角形A，以及邊長8cm的正方形B，周圍都要加上1cm縫分。

薄棉襯（背面）

將B與A以正面相對重疊，放在薄棉襯背面，縫好上邊畫縫線的部分。

4

把A展開，用熨斗熨平。接著一樣將另一片A與A以正面相對重疊，縫好右邊畫縫線的部分再展開，並重複這個步驟。

Point

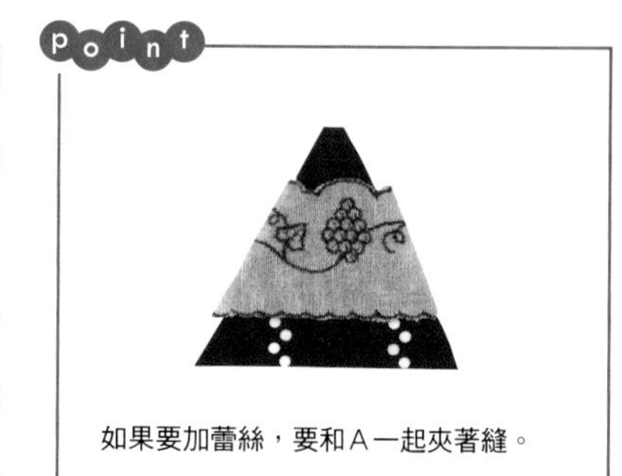

如果要加蕾絲，要和A一起夾著縫。

5

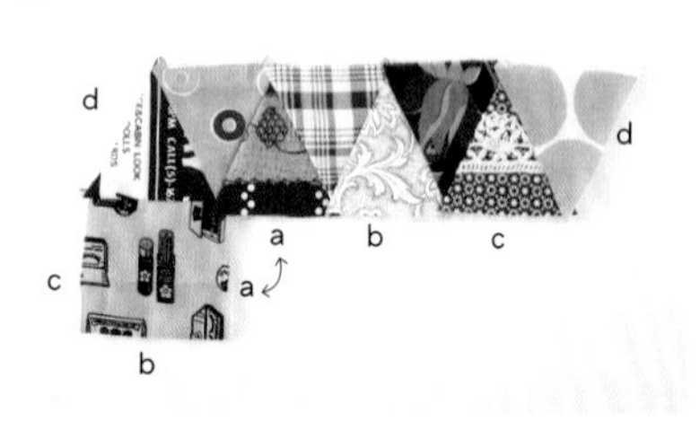

d
d
a
b
c
c
a
b

這是1片B與8片A縫接完畢的樣子。接下來把a～d相同字母的邊縫起來。

6

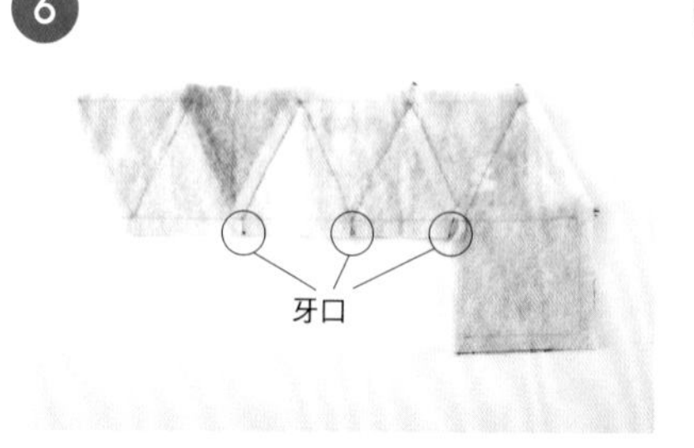

牙口

為了讓尖角的地方比較好縫，先在薄棉襯的3個地方剪牙口。

7

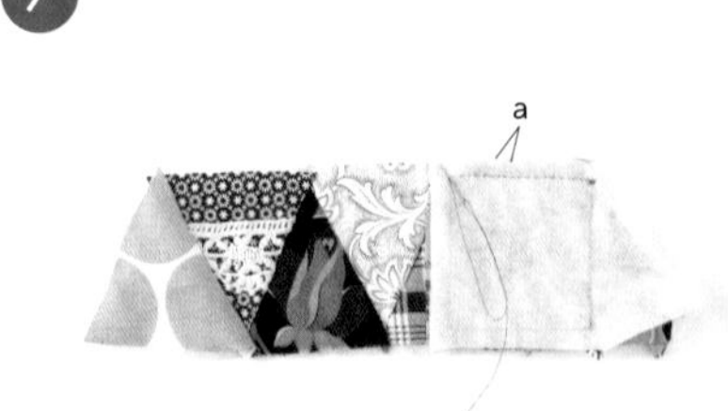

a

將a與a的邊以正面相對重疊，縫合畫縫線的部分。

接著依照縫線分別縫合b、c、d的邊，做成立體的模樣。

9

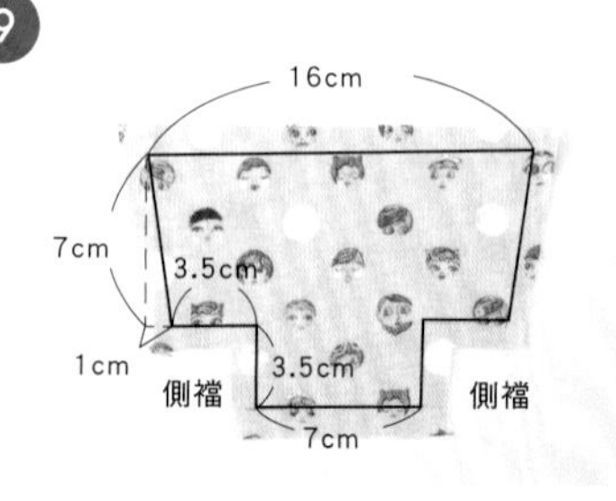

16cm
7cm
3.5cm
1cm
3.5cm
側襠
側襠
7cm

準備2片內袋，周圍預留1cm縫分。

10

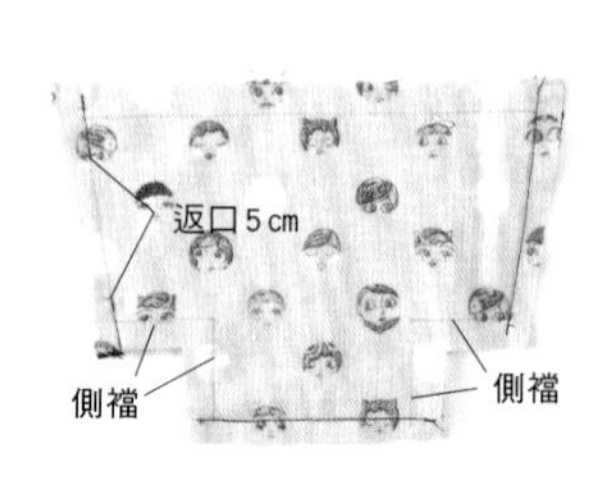

返口5cm
側襠
側襠

將2片內袋以正面相對重疊，留下返口，縫合側邊與底部。

11

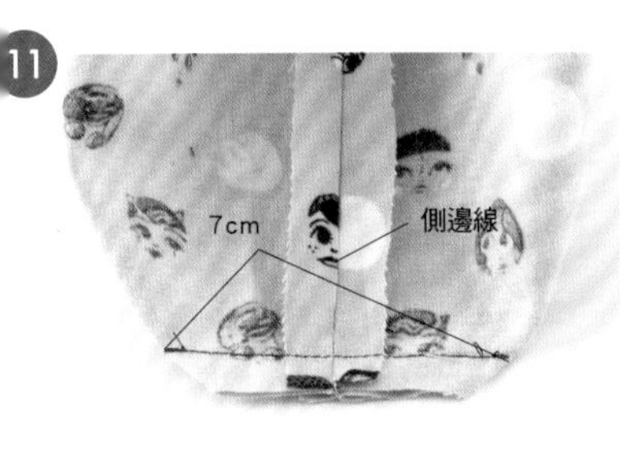
7cm
側邊線

將底部側邊拉平，使側邊線對準底部中央，車縫出兩側的側襠，各7cm。

12

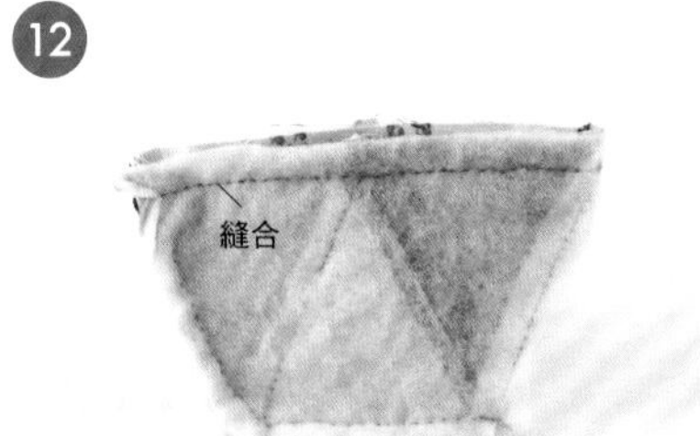
縫合

把內袋套入本體之中，縫合袋口一圈。

13

從內袋的返口翻回正面，用斜針縫縫合返口，本體就完成了。

縫上拉鍊

14

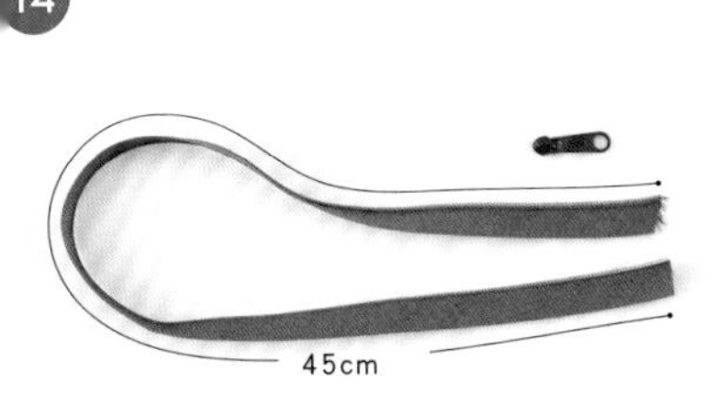
45cm

這裡所使用的碼裝拉鍊，可以自由配色，還可以剪成喜歡的長度，是很方便的拉鍊。縫好之後才會加上拉鍊頭，因此縫的時候不會被拉鍊頭妨礙。

15

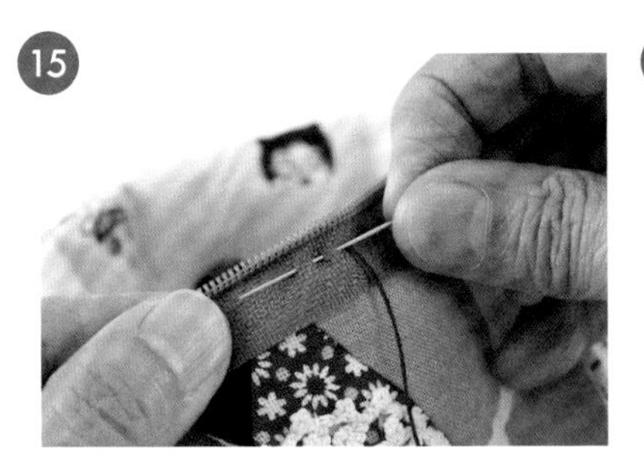

先用平針縫將拉鍊固定在本體上。

16

這是拉鍊固定在本體上的樣子。拉鍊的尾端要預留多一點。

17

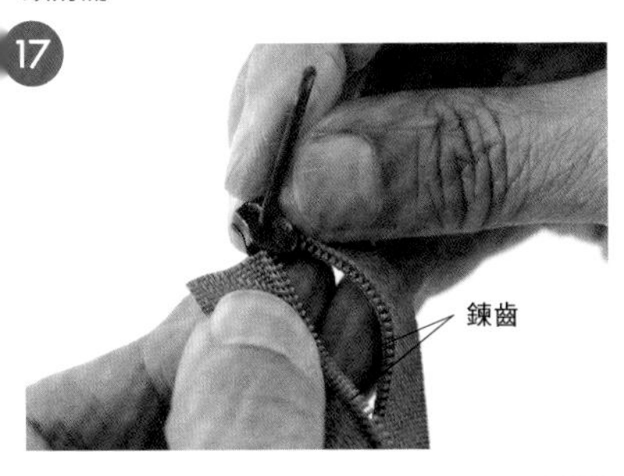
鍊齒

用剪刀把拉鍊尾端剪齊，裝上拉鍊頭。順利裝上拉鍊頭的小訣竅，是將左右鍊齒插入拉鍊頭後，再一口氣拉上。

18

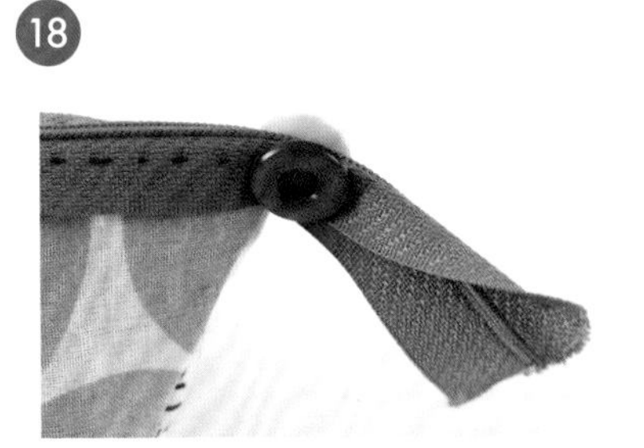

為了防止拉鍊頭跑出來，在開口尾端縫上鈕釦固定。

19

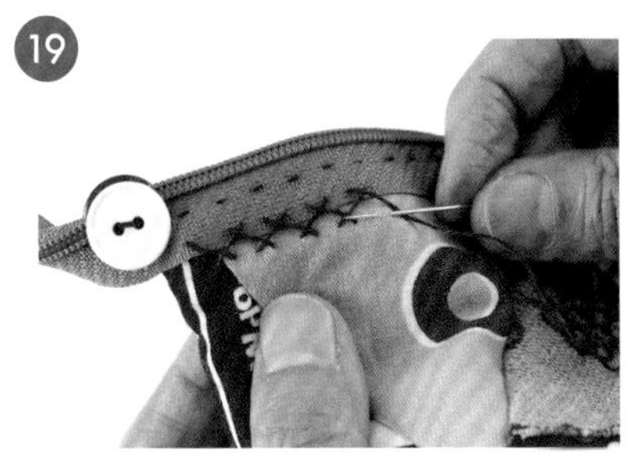

為了不讓拉鍊的布帶翹起來，用交叉縫讓線斜斜地交錯固定。

20

把拉鍊尾端修剪成想要的長度就完成了。可依喜好加上小吊飾。

MY
POUCH
BOOK

PART 3 方便且實用

Useful & Practical

這個單元裡，集合了講求機能性，使用上也很順手的小布包。
有的有寬大的側襠，容量很大，有的有很多口袋⋯⋯。
請找找看中意的類型。

no.18
眼鏡袋

瘦長設計的眼鏡袋，
可以從包包中俐落取出。
配合自己使用的眼鏡，
貼布縫上鏡框的圖案也是一種樂趣。
袋口開關用的是磁釦。

size ▸▸▸ 7×15×3cm
design ▸▸▸ 信國安城子
how to make ▸▸▸ p.68

no.19

記事本型卡片夾

可以將用藥手冊與就診卡一併收納，是很方便的卡片夾。
這個尺寸也可以放入親子手冊或存摺，用途廣泛。
由於只有拼布的部分有加棉襯，
體積不會太大，方便攜帶。

size ▸▸▸ 18×12cm
design ▸▸▸ 黑羽志壽子
cooperate ▸▸▸ 宮本百合子
how to make ▸▸▸ p.83

打開之後有6個小口袋與2個大口袋，可以把物品仔細分隔開，是很方便好用的設計。

HANDPAINTED FURNITURE LODGE&CABIN LOOK
POTTERY HAND SEWN BEARS&DOLLS
CHILDREN BOOKS QUILT LINENS POST CARDS
Antique Shop
Welcome to the fine Antique Shops!!
GEORGE WASHINGTON
Memorial Day
UNIQUE HOME DECOR
HARMONY

no.20

也能變成單肩包的
兩用小布包

接上肩背帶，

就能變成單肩包的扁平小布包。

可以放入護照或手機等等最低限度的物品，掛在肩上背著走。

帶著大型行李或後背包時相當好用。

size ▸▸▸ 16.5×21cm

design ▸▸▸ 砂川直子

how to make ▸▸▸ p.81

NICOLE
Antique Shop
Memorial Day

no. 21

可自行站立的筆袋

底部貼上單膠棉襯，
特地花心思讓筆袋能自行站立。
打開就能站立，
所以內部也一覽無遺。
這個大小，放圓規與捲尺也綽綽有餘。

size ▸▸▸ 21.8×7.3cm
design ▸▸▸ 菅原順子
how to make ▸▸▸ p.84

Hand made
VICVANA

no.22

三種尺寸的
好用迷你小布包

這個像俄羅斯娃娃一樣大小成套的迷你小布包，
圓鼓鼓的造形很得人喜愛。
將本體周圍包邊後對摺，
再車上拉鍊，簡簡單單就能完成。

size ▸▸▸ 大:7.5×8×4cm 中:6.6×7×3cm 小:4.5×6×2cm
design ▸▸▸ 藤村洋子
how to make ▸▸▸ p.35

CONFITURE
EXTRA
MARMALADE
CHAMPAGNE
BORDEAUX

三種尺寸的好用迷你小布包

將表布以底部對稱拼接起來，前後兩面皆能享受設計的有趣之處。
當然直接用一片布做也可以。原寸紙型在111頁。

●材料
表布、內袋、單膠棉襯…各20×15cm（大、中）、各12×10cm（小）
包邊條（斜紋）…寬2.5×60cm（大）、寬2.5×50cm（中）、寬2.5×35cm（小）
拉鍊…長14cm（大）、長12cm（中）、長10cm（小）各1條

1

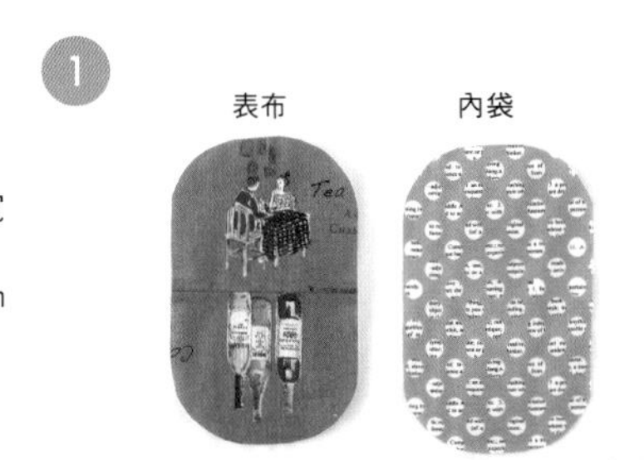
表布
內袋

使用原寸紙型，剪下加上縫分的表布與內袋備用。剪裁表布之前，要先在背面貼上單膠棉襯再剪。

2

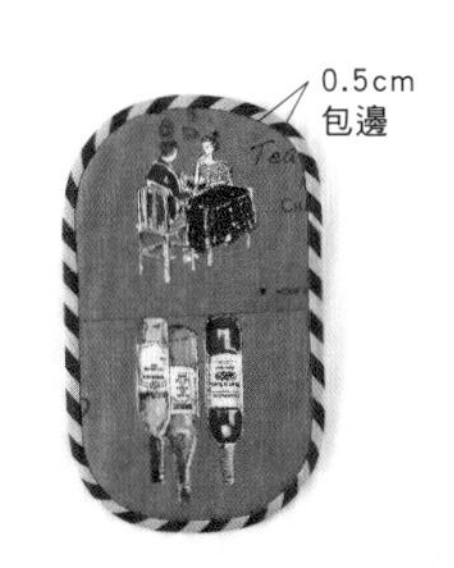
0.5cm
包邊

在表布周圍車上一圈寬0.5cm的包邊。

表布背面的包邊不用斜針縫，先疏縫固定。

4

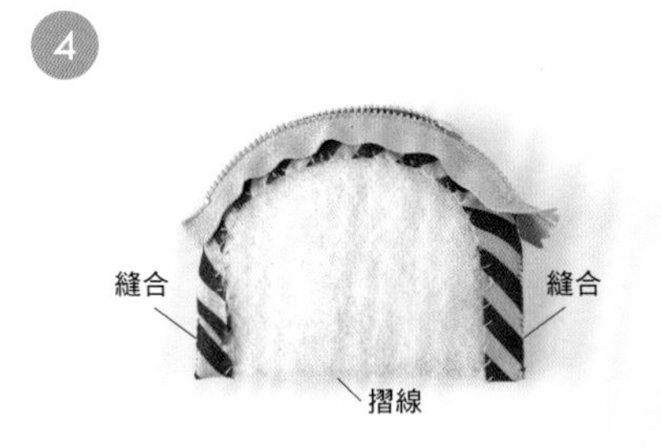
縫合
縫合
摺線

將本體以正面朝內對摺，在袋口縫上拉鍊。拉鍊下方的兩側，用捲針縫縫起來。

5

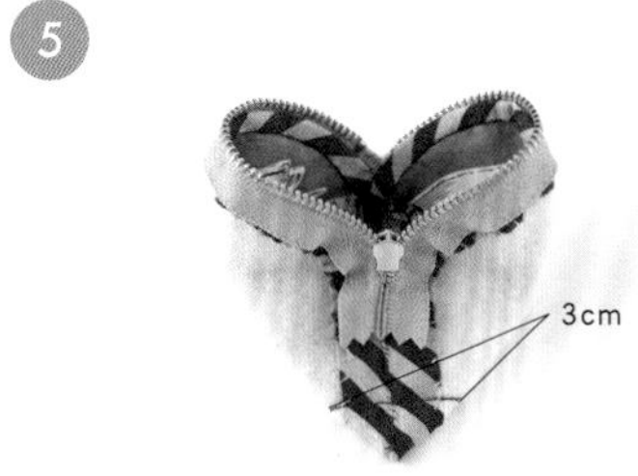
3cm

將底部側邊摺出三角形，使側邊線對準底部中央，縫出兩邊的側襠。大的側襠4cm，中的3cm，小的2cm。

內袋與本體一樣，也要將側邊跟側襠縫好。側邊的縫分是0.5cm。

7

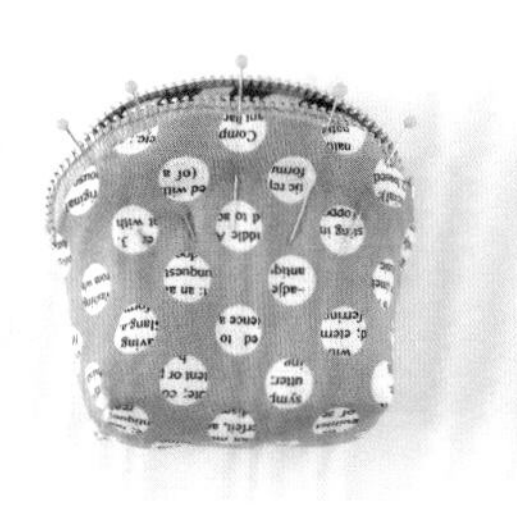

把內袋的開口往內摺0.5cm，套到本體上，並用珠針固定。

8

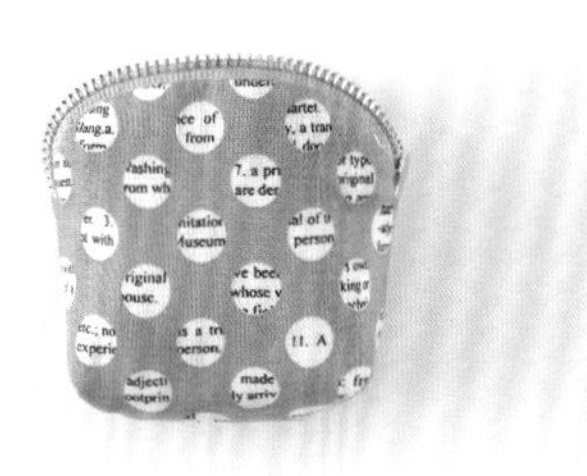

用斜針縫把內袋的開口與拉鍊縫在一起。

從袋口翻回正面就完成了。

no.23

六邊形的對摺小布包

這個可愛的小布包上面，
貼布縫了宛如花朵一般的六邊形拼布。
用法是把小布包對摺起來，再用緞帶綑住固定。
體積不大，可以放入小型行李箱，
很適合旅行時攜帶。

size ▸▸▸ 13×21cm
design ▸▸▸ 小林みつ枝
how to make ▸▸▸ p.85

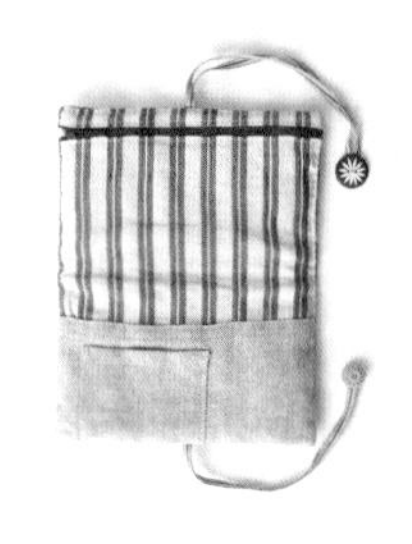

左／小布包展開後的外側。後面也貼布縫上六邊形，讓包包在對摺時，後面也很好看。
右／小布包內側有很多口袋。有拉鍊口袋的那一面可以放很多東西。

PARIS
METRO
1943

no.24

箱型零錢包

打開掀蓋，側襠就會立起來，
這個構造讓零錢不會撒出來，
內部一覽無遺的大開口也很方便。
外側可隨心所欲地使用拼布，
或是用一片布製作。

size ▸▸▸ 10.5×9.5cm
design ▸▸▸ 須藤修代
how to make ▸▸▸ p.70

no.25

外形雖小容量超大的大側襠小布包

打開扣帶，寬敞的口布就會張開，
大片側襠也會跟著伸展開來，
外觀雖小，收納能力卻是一等一。
是摺疊後側襠會從兩側露出來的設計。

size ▸▸▸ 12×16×8cm
design ▸▸▸ 古川一予
how to make ▸▸▸ p.86

袋口可以大大敞開的設計。拉鍊縫在斜對角，方便拿取。

Mountain Laurel
Wood Violet
Peach Blossom
MAINE White Pine Cone &
Sagebrush flower
Milk
Do or Do Without

no. 26

開口很大的
支架口金小布包

把ㄷ字形的支架口金穿進開口，
袋口就能大大敞開，
把物品放入或取出都很方便，是很實用的小包包。
外露的拉鍊尾端要用布包起來。

size ▸▸▸ 15×19×12cm
design ▸▸▸ 砂川直子
how to make ▸▸▸ p.87

把袋口往外反摺，就會變成能自行站立的箱形。裡面有4個大口袋，推薦用這個布包把小東西整理起來收納。

no. 27

有暗袋的小布包

拉開小布包的拉鍊，
會看到裡面還隱藏了一個拉鍊口袋。
這個口袋不是另外做的，
而是由一片本體摺出來的。
重點在於拉鍊的方向與縫法。

size ▸▸▸ 12×12cm
design ▸▸▸ 藤田桂子
cooperate ▸▸▸ 魚谷牧子
how to make ▸▸▸ p.71

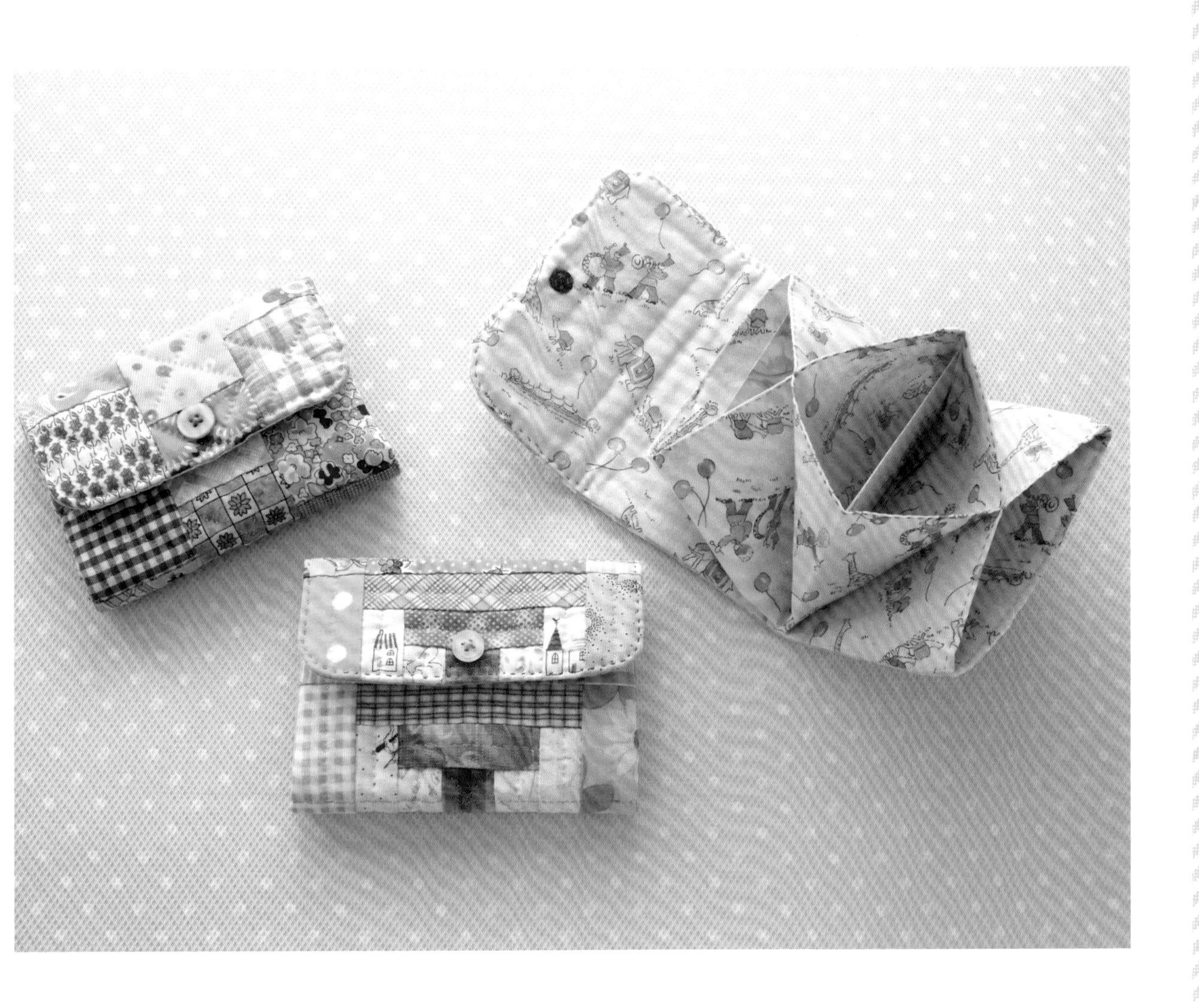

no.28

風琴夾層的卡片夾

這個卡片夾能夠把
不知不覺累積一堆的卡片整理好。
特色是可以像摺紙一樣摺疊起來的夾層，
一打開，夾層就會像手風琴一樣展開，
立刻就能拿出要用的卡片。

size ▸▸▸ 8×11cm
design ▸▸▸ 宮內真利子
cooperate ▸▸▸ 牟田裕子
how to make ▸▸▸ p.72

no. 29

側襠超大的口金包

這是有大側襠的口金包，
袋口可以張得很開，方便取物，
使用方便是它的特點。
布貼圖案的黃色與黑色對比強烈，
是很醒目的設計。

size ▸▸▸ 8×12.5×11cm
design ▸▸▸ 佐藤尚子
how to make ▸▸▸ p.88

從側面看，就能清楚看出側
襠摺起後的形狀，收納容量
比外觀看起來更大。

口金的安裝方法

lesson ▸▸▸ 砂川直子

這是安裝口金的基本方法。
用鋪棉做的口金包有厚度，和用一片布做的不同，因此重點是紙繩的粗細也要跟著調整。

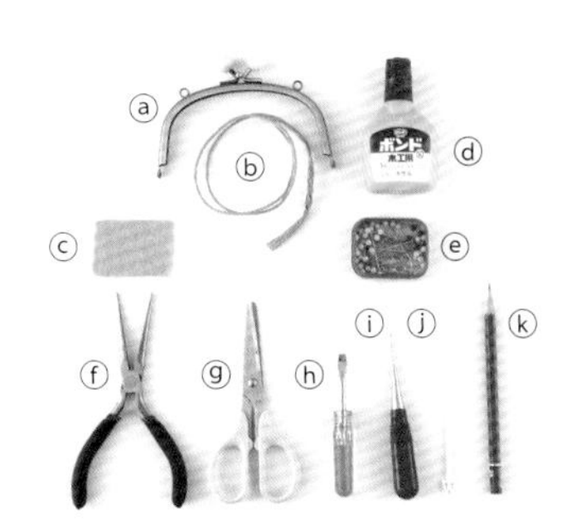

ⓐ
ⓑ
ⓒ
ⓓ
ⓔ
ⓕ
ⓖ
ⓗ
ⓘ
ⓙ
ⓚ

●準備工具
ⓐ口金
ⓑ紙繩
ⓒ墊布（毛氈布之類的厚布）
ⓓKONISHI木工用白膠
ⓔ珠針
ⓕ尖嘴鉗
ⓖ剪刀
ⓗ一字螺絲起子
ⓘ錐子
ⓙ攪拌棒
ⓚ鉛筆

1

剪一段比口金稍長的紙繩。如果紙繩太粗，就把紙繩攤開，寬度剪窄後再搓成繩狀，這樣就能調整粗細。

2

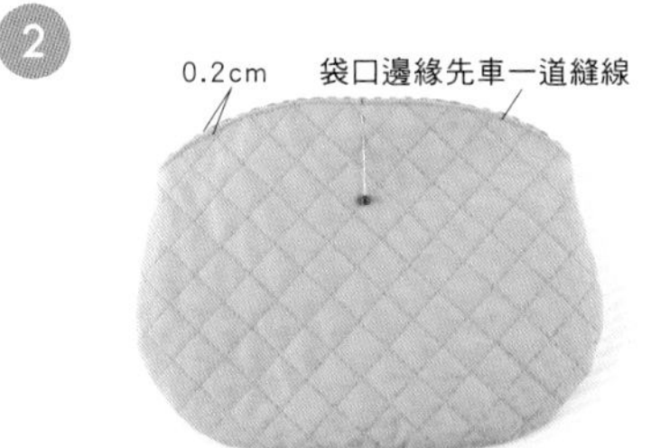

0.2cm
袋口邊緣先車一道縫線

在袋口車一道縫線，讓袋口更牢固。分別在本體前片與後片的中心點做上記號，並插上珠針，然後把本體稍微放入口金比對，確認尺寸。

3

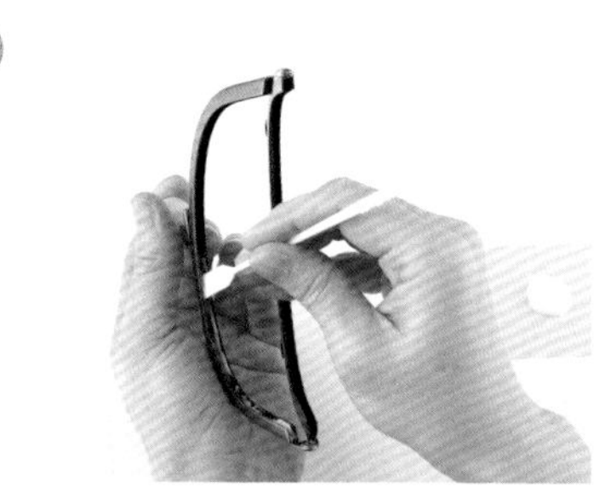

先用攪拌棒在要裝在前片的口金溝槽裡塗上白膠。

4

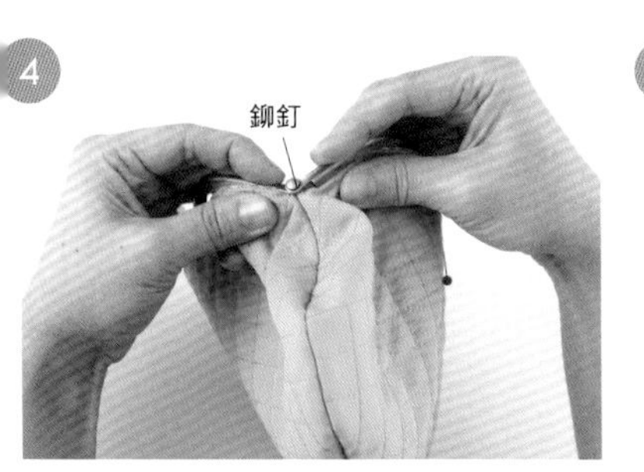

鉚釘

把口金的鉚釘對準本體左側。

5

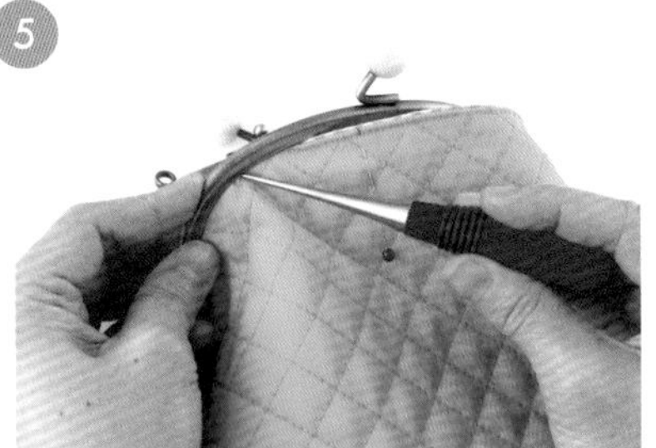

用錐子從左邊開始把布塞進口金的溝槽中，一直塞到中心點為止。到中心點之後，再把口金右側的鉚釘對準本體右側，然後從右邊開始把布塞進口金溝槽直到中心點。

6

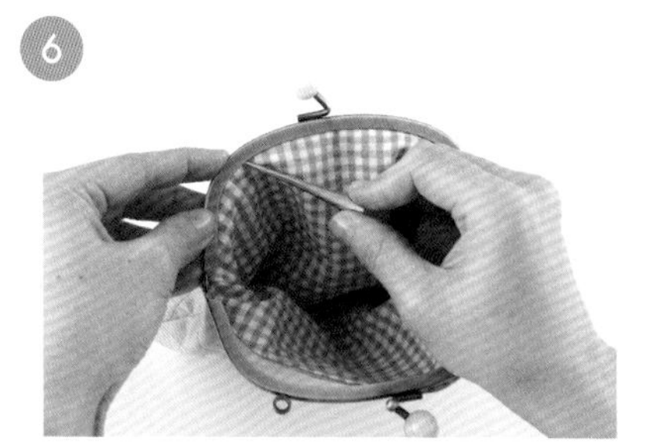

內側也要用錐子牢牢地把布塞好。

7

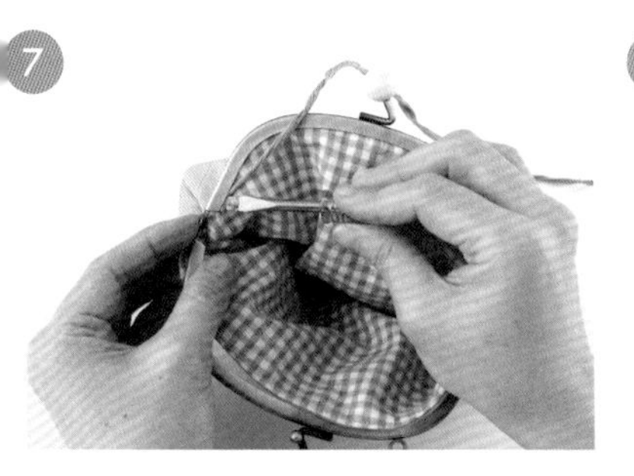

用一字螺絲起子把紙繩塞進溝槽，先從左邊塞到中心點，再塞到右邊。

8

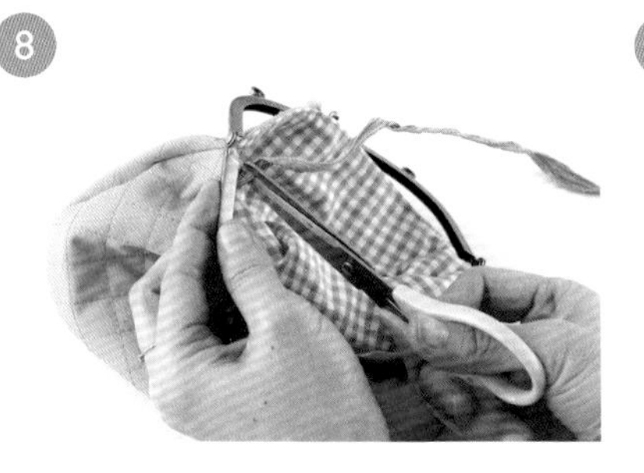

紙繩一直塞到右邊之後，剪掉多餘的部分，把紙繩塞好。

9

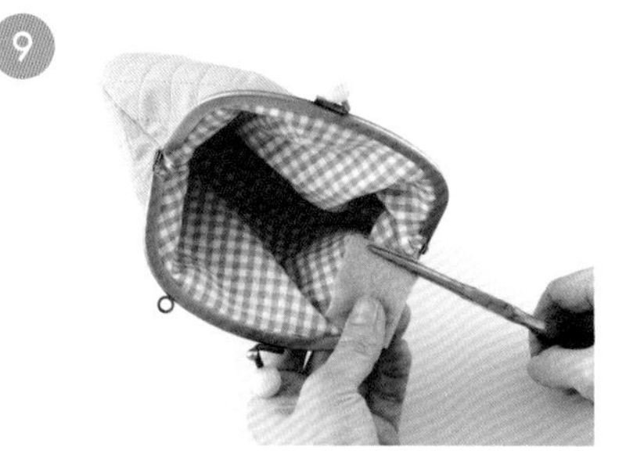

後片也用相同方法安裝口金。最後在口金的頭尾兩端墊上墊布，用尖嘴鉗按壓閉合，前片與後片共4處。

MY
POUCH
BOOK

PART 4 需要活用技巧

Take advantage of techniques

本單元可以做出有自我風格且設計上獨一無二的小布包。
雖然也需要一點點進階技巧，
不過困難處與重點會有教學幫忙，請大家務必要挑戰一下！

Grand
Hôtel de Paris
1921

no.30
中心是彩色的 YOYO花小布包

這是在YOYO花的中心貼上印花布
所做成的小布包。
這個包包的重點，是將中心收縮起來時，
會像窗戶一樣大大張開。
可以像手拿包一樣帶著，
因此不論是休閒或正式場合
都很合用。

size ▸▸▸ 14.5×24×3cm
design ▸▸▸ 亘理孝子
how to make ▸▸▸ p.90

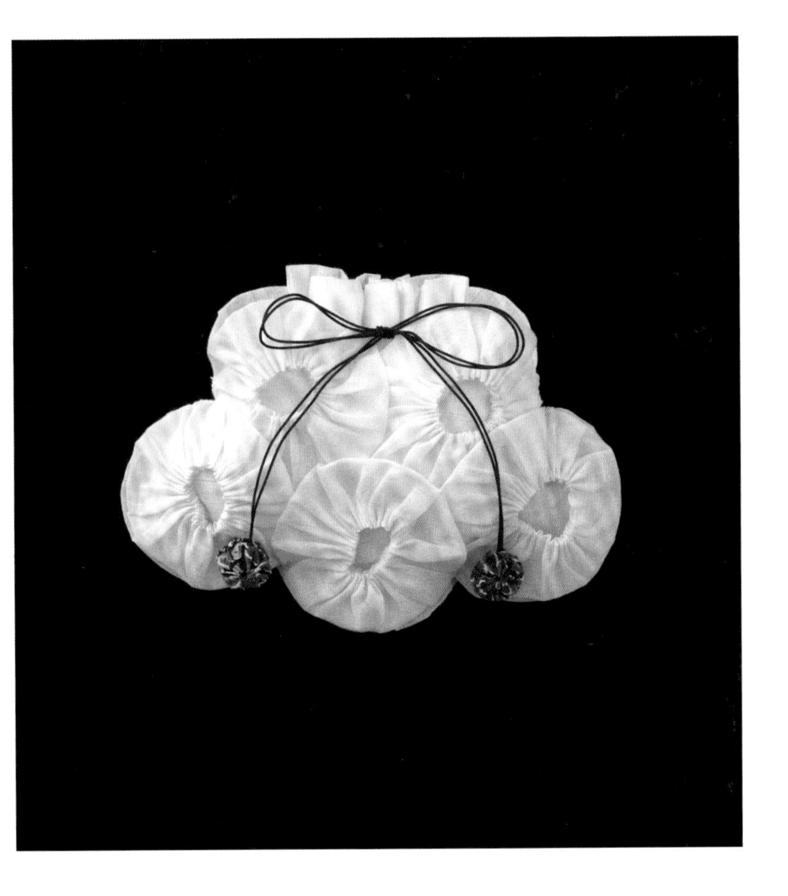

no.31
疊上YOYO花的束口袋

只要把10朵大YOYO花重疊，
斜針縫在長方形內袋上就完成了。
YOYO花是用有透明感的
純棉歐根紗做成的。
繩子末端的小小YOYO花，
也是可愛的亮點。

size ▸▸▸ 13×18.5cm
design ▸▸▸ 亘理孝子
how to make ▸▸▸ p.91

s la pluie

no.32

YOYO花側襠的圓柱包

大朵YOYO花變成兩側的側襠，
是造形別緻有趣的小布包。
在YOYO花中包入塑膠板，讓花向外突出。
裝上可拆的提把，
就能當做迷你提包使用，相當方便。

size ▸▸▸ 8×22cm
design ▸▸▸ 小關鈴子
how to make ▸▸▸ p.92

YOYO花（縮縫）的作法

lesson ▸▸▸ 岡本洋子

要做得漂亮，訣竅是針趾要整齊，
拉緊時就能做出漂亮的皺褶。

1
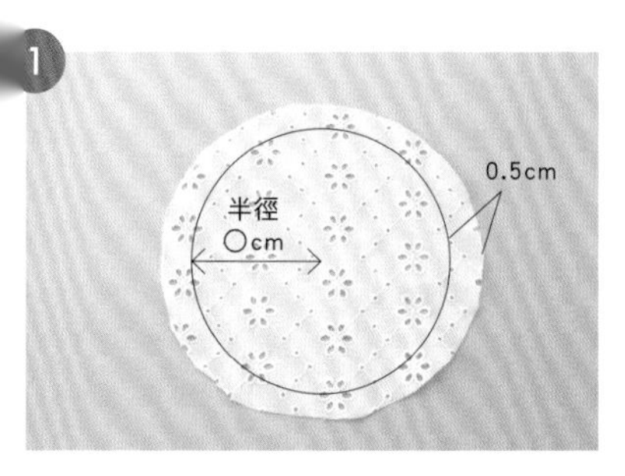
半徑
○cm
0.5cm

準備好一片圓形的布。以想做出的YOYO花直徑（○）×2當做圓形布的直徑，並加上縫分0.5cm。

2
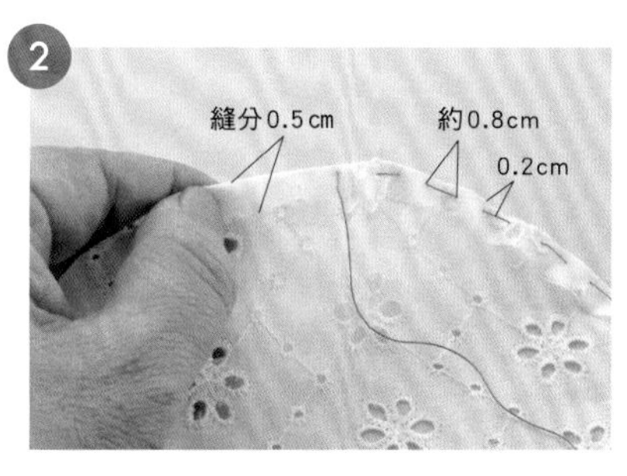
縫分0.5cm
約0.8cm
0.2cm

把縫分往內摺，並在距離布邊0.2cm的位置平針縫。平針縫的針趾會依布料或YOYO花的大小而有所不同，但大約是0.8cm。

3
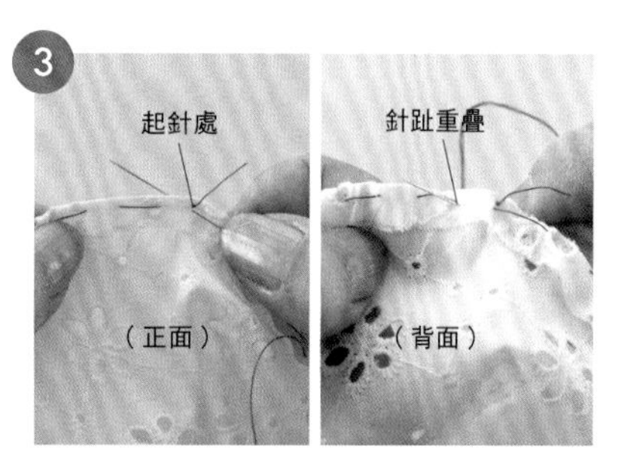
起針處
（正面）
針趾重疊
（背面）

縫完一圈後，最後一針要與最初的針趾重疊，讓針從背面穿出來。

4

一邊平均地收縮出皺褶，一邊輕輕拉線。

5

將皺褶漂亮地整理好後，把線拉緊。

6
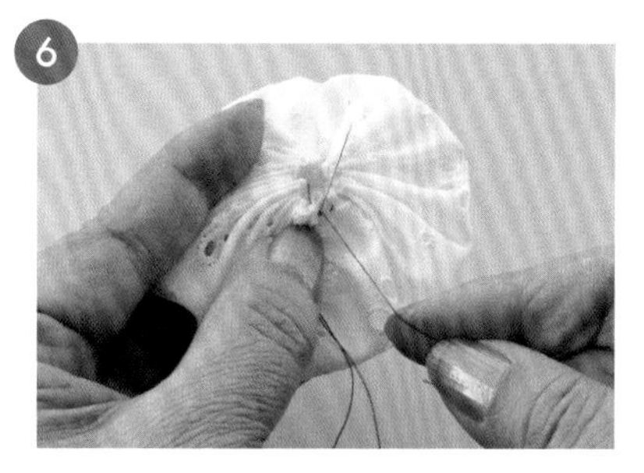

最後打一個結，防止線鬆開。

7

把針穿進皺褶中間，然後把線剪斷，讓表面看不到線。

8

YOYO花完成。

【平針縫與中央孔洞的關係】

針趾很密
中央的洞很大

針趾很寬
中央的洞很小

周圍的平針縫如果縫得密，皺褶會變多，拉緊收縮起來的時候洞會變大；另一方面，針趾若寬，中央會隆起，洞就會變小。

no.33

高雅的百褶小布包

這是利用分量十足的褶子帶出華麗感的小布包。
只要改變褶子的層數，就能做出不同尺寸。
夾在袋口包邊條下方的蕾絲，
也兼具壓住褶子的功用。

size ▸▸▸ 大:18×23×8cm　小:14×23×8cm
design ▸▸▸ 圓座佳代
how to make ▸▸▸ p.49,93

百褶邊的作法

將好幾層褶子層疊起來，乍看之下好像很難做，
但其實只要按照順序摺疊就好，作法意外地簡單。

1

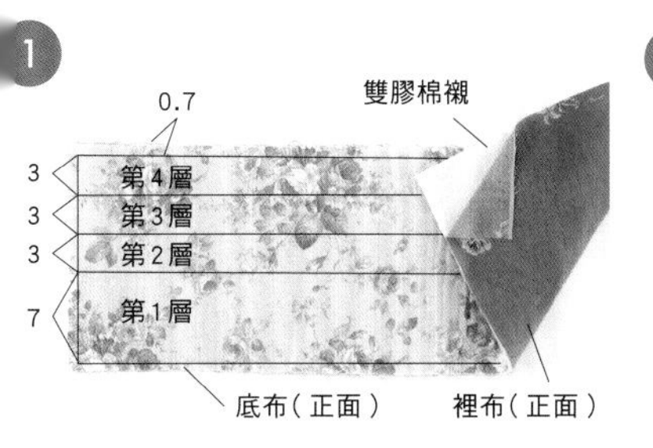
0.7
雙膠棉襯
3
第4層
3
第3層
3
第2層
7
第1層
底布（正面）
裡布（正面）

在底布畫上16×52cm的完成線，外圍再畫上0.7cm的縫分，接著畫上褶子布要縫上固定的線。在底布與裡布之間貼上雙膠棉襯，剪掉多餘的部分。

2

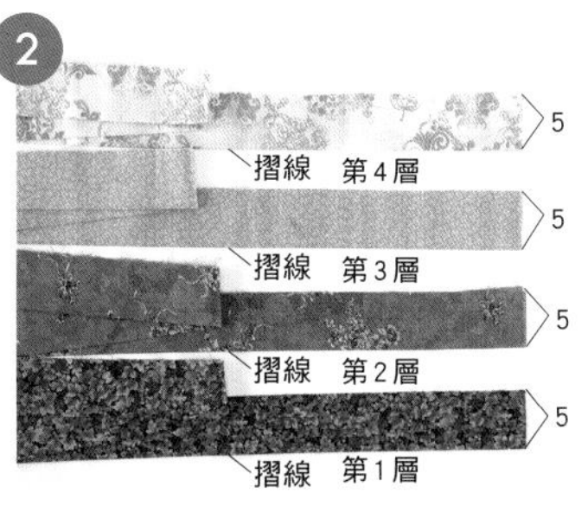
5
摺線 第4層
5
摺線 第3層
5
摺線 第2層
5
摺線 第1層

把裁成10×布寬約110cm（不加縫分）的褶子布對摺，用熨斗把摺線熨平。要製作4條。

3

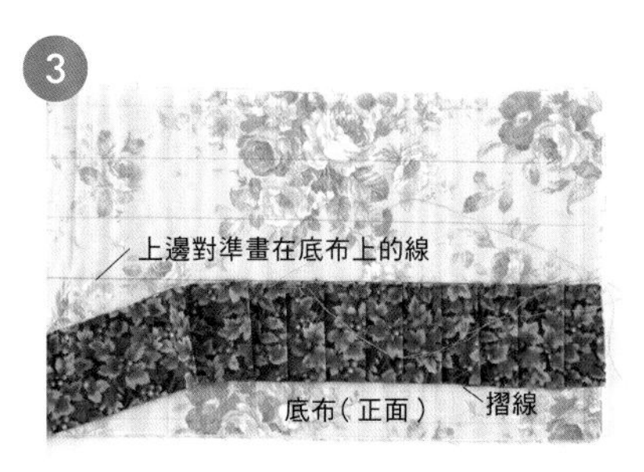
上邊對準畫在底布上的線
底布（正面）
摺線

將褶子布的上邊對準底布的線，從第1層開始一邊摺一邊直接縫上。最後的第4層褶子，是將褶子布的上邊對準底布縫分的邊緣，並縫住固定。

4

0.7～1cm
2～2.5cm

摺疊褶子布時，要讓山摺線到山摺線的寬度是2～2.5cm。

5

疏縫
疏縫

褶子布由下往上車縫好4層之後，將兩端疏縫固定。依照摺疊的狀況，布可能會多出一點點，也可能會剛好。

掀起褶子，就能看出褶子是直接車縫固定在底布上。

本體後側。在後側中央以正面相對接合，連同褶子一起縫合。

3
21

34

35

做1條褶襉要用到4條條紋。可以使用不同寬度的條紋，或在壓倒褶襉的方式上做些變化，自由發揮創意。

no.34
褶襉護照套

重點是利用條紋布來製作褶襉。
配合條紋的寬度將布摺疊起來，
再把褶山壓倒，車上縫線。
乍看之下好像很難，但其實是很簡單的技巧。

size ▸▸▸ 17×12cm
design ▸▸▸ 澤田淳子
how to make ▸▸▸ p.94

no.35
褶襉筆袋

這個筆袋，是用比護照套的條紋更細的布做的，
完成的褶襉看起來也更纖細。
為了露出紅色的布而將布摺起，
褶山上下交互壓倒後，再車上縫線。

size ▸▸▸ 11×18cm
design ▸▸▸ 澤田淳子
how to make ▸▸▸ p.95

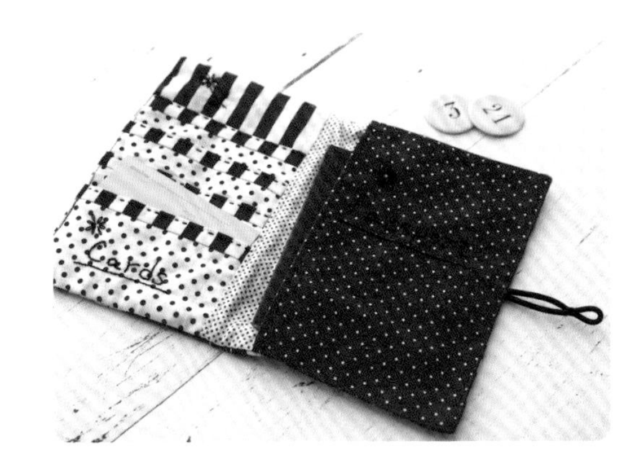
Cards

護照套打開的模樣。右邊是剛好可以放入護照的口袋，左邊有可以放入多張卡片的口袋。

no.36

立體網格編織的小布包

這是把編織帶芯貼在布料上，再縱橫交錯編織而成的小布包。
只要準備好布條再開始編，就能一口氣完成底部與側襠。
側面的編織帶還用了無修邊的合成皮，
當然也可以全用布來做。

size ▸▸▸ 15×21×8.5cm
design ▸▸▸ 横倉節子
cooperate ▸▸▸ 新藤佳子
how to make ▸▸▸ p.53,96

因為是較大的包包，只要在兩側的D形環接上側背帶，就能當作斜背包使用。

立體網格編織的重點

這裡教的是立體網格編織的製作重點，就像編籃子一樣。

製作布條

1

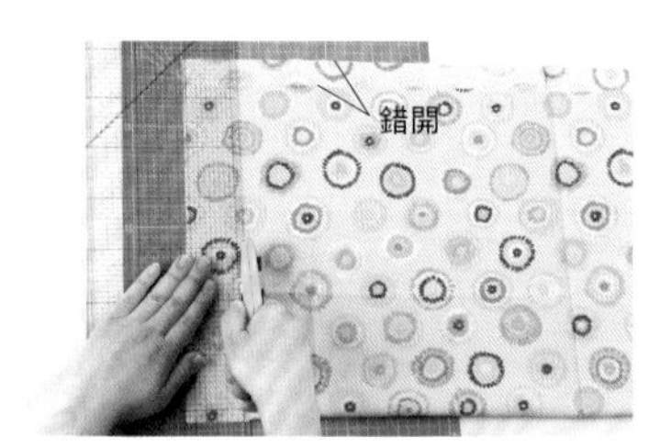
錯開

將布剪成需要的布條長度後對摺，對摺時兩端稍微錯開，這樣剪完後會比較好拿。裁剪下指定的寬度，不需加縫分。

point

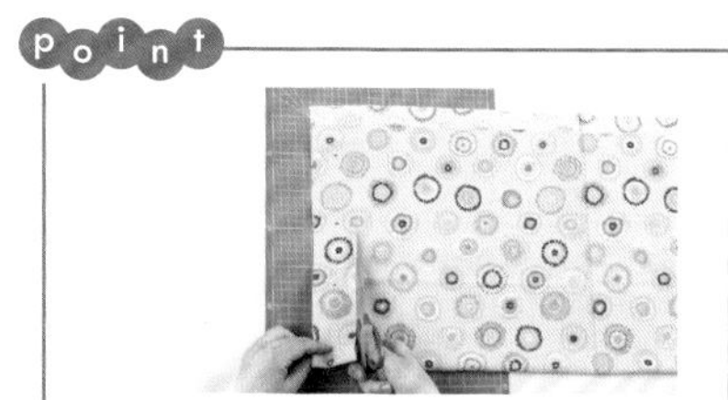

裁剪時可以用輪刀，也可以用剪刀。若使用剪刀，把布對摺後要畫上記號，為了避免裁剪時布跑掉，還要在各處插上珠針固定之後再剪。

2

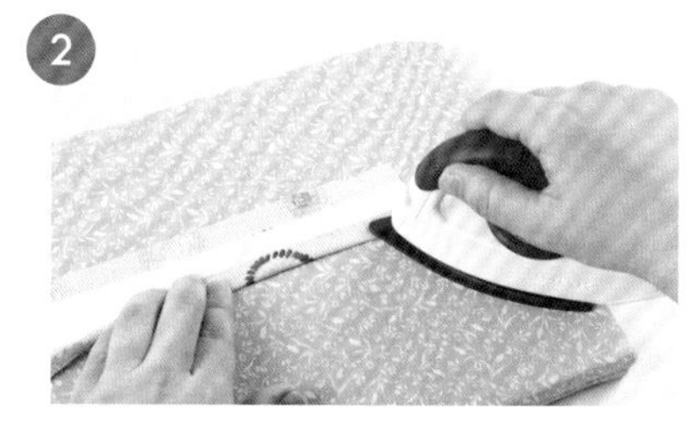

把布條用布的背面朝上，再把編織帶芯※的膠面朝上放在布的中央，將邊緣摺起來，用熨斗熨燙黏貼。此時要注意別讓熨斗碰到背膠的部分。

※原文為「メッシュワークテープ（meshwork tape）」，為製作編織用布條時包在中間、單面有膠的帶芯。

製作底部

1

將10條縱向布條以背面朝上緊密排列，並在布條中央畫上中線。拿一把尺對準中線，從右邊開始把布條往下摺，之後隔1條布再往下摺。

2

在沒有往下摺的縱向布條（背面）待會要疊上橫向布條的部分塗抹少許白膠。

3

將縱向布條與橫向布條的中心對準，讓橫向布條背面朝上，緊貼著直尺黏上去。

4

把步驟❶往下摺的縱向布條恢復原狀。此時已編入1條橫向布條。接著讓縱向布條互相交錯，在上方再編入1條橫向布條、下方編入2條，總共4條橫向布條。

5

在底部的背面，用熨斗將剪好無縫分的單膠厚布襯熨燙上去。

point

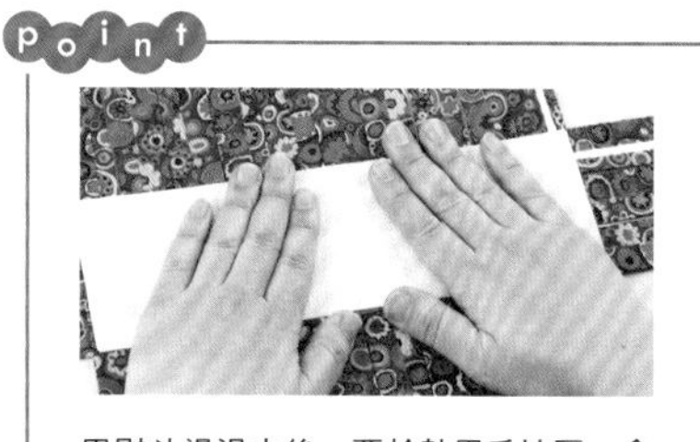

用熨斗燙過之後，要趁熱用手按壓一會兒，就可以使背膠黏貼牢固。

編織側面

1

讓縱向布條與橫向布條立起來，從下層開始編織側面的布條。起始處要避開角落，在縱向布條的背面貼齊邊緣、疊上橫向布條，然後用珠針固定。如果用合成皮，就用夾子固定。

2

交互穿插過立起來的布條，並用珠針（合成皮要用夾子）固定。邊角要確實摺出直角的摺線。

3

編好一圈之後，稍微在背面重疊，然後剪掉多餘的部分。重疊的部分用線牢牢縫住固定。此時還不要拔起珠針，編織下一層時再一一換插過去，布條就不會移位。

no.37

教堂之窗的小布包

這個小布包上面的教堂之窗，
全部都是用正方形的布料，將重疊的布抓起車縫而成。
中間像窗戶一樣露出的部分，搭配的是彩色圖案，
呈現彷彿花朵盛開在簡約底布上的華麗氣氛。

size ▸▸▸ 15.5×21×3.5cm
design ▸▸▸ 川本京子
how to make ▸▸▸ p.97

教堂之窗的縫法

這個作法，是把窗戶用布與底布疊起來車縫。
直線部分也可以用手縫，不過由於最後的步驟是把布料疊起來縫，用縫紉機會比較方便。

1

把邊長5cm不加縫分的底布排列成方格狀。

2

剪下邊長5cm不加縫分的窗戶用布，然後正面朝外對摺成三角形，用熨斗熨燙。

3

摺線
摺線

把摺成三角形的窗戶用布疊放在底布上，三角形的對摺線對準底布方格的對角線。

4

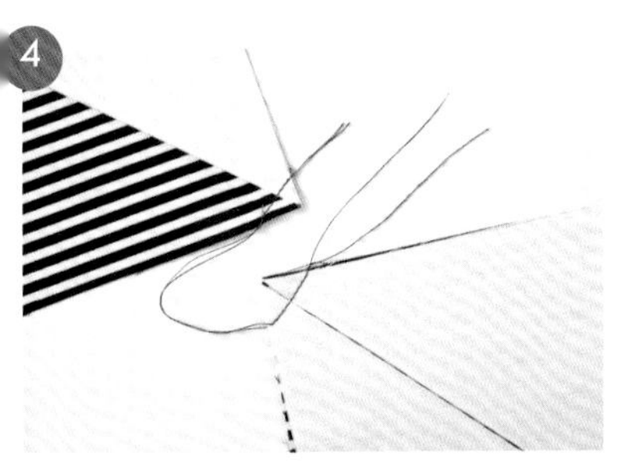

底布與窗戶用布重疊的部分容易滑動移位，因此要先把角落縫起來。

5

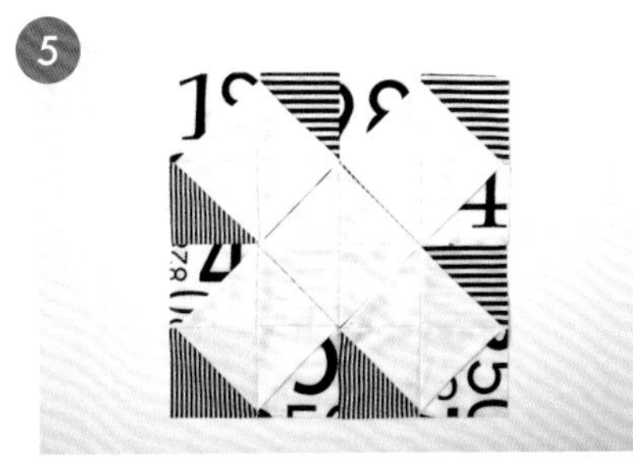

將每片疊了窗戶用布的底布，留下0.7cm的縫分縫接起來。

6

把❺縫起來的縫分用熨斗分開熨平。

7

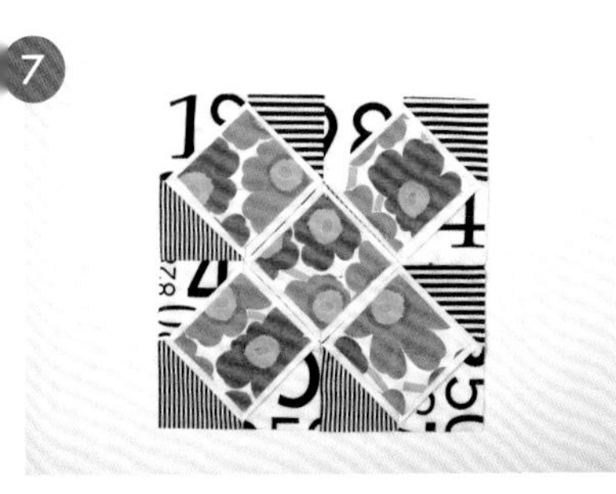

裁剪邊長4.5cm（不加縫分）的配色布，疊放在窗戶用布上面，用珠針固定。

8

把窗戶用布的摺線部分摺到配色布上，並將窗戶用布的邊緣以斜針縫或縫紉機車縫起來。

MY
POUCH
BOOK

PART 5 獨一無二的有趣造形

Unique and fun shape

這裡的小布包，都是光看一眼就會眉開眼笑，讓人使用起來很開心的外形。
非常可愛俏皮，會讓人不由得想當成禮物送給別人。

39
40
38

41
42
43
44

no.38-44
墊肩小布包

不用棉襯，而是用市售的墊肩
所做成的小布包。
只是像貝殼一樣，把2片墊肩疊起來，再用捲針縫接起來而已。
讓墊肩適度的圓弧變成側襠，
就可以做出外形勻稱的小布包。

size ▸▸▸ 11.6～12.5×10.4～13.5cm
design ▸▸▸ 有岡由利子
how to make ▸▸▸ p.98

no. 45

芭蕾舞鞋小布包

本體與底部全都用
捲針縫組合製作，
可以依喜好加上拉鍊吊飾。
若能配合鞋子的顏色加吊飾，
會成為搭配的亮點。

size ▸▸▸ 大:15×5.6cm 中:12×4.5cm 小:10×3.7cm
design ▸▸▸ 柴 尚子
how to make ▸▸▸ p.100

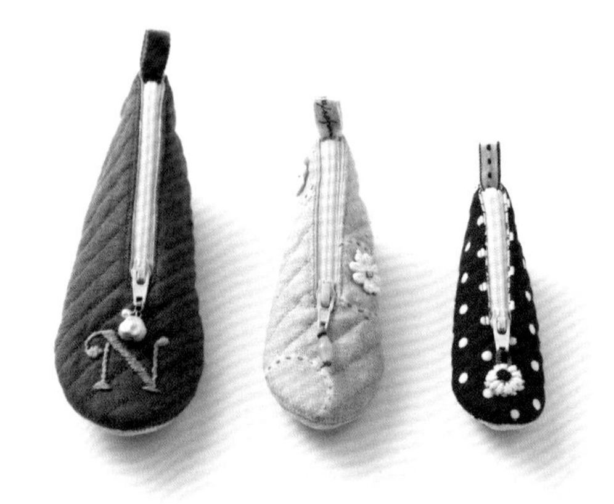

雖然介紹的是大尺寸的作法，不過三種尺寸的作法都一樣。中型用的拉鍊是9cm，小型是8cm，所使用的紙型分別是縮小80%與67%。

no.46

三角錐形拉鍊小布包

把緞帶與拉鍊縫在一起，
拉起拉鍊後，不可思議的事發生了！
搖身一變，變成了三角形的小布包。
要做出漂亮的錐形，
重點是緞帶兩側縫上拉鍊之後要有3㎝寬。

size ▸▸▸ 一邊10cm
design ▸▸▸ 瀧田裕子
how to make ▸▸▸ p.73

no.47
飯糰小布包

打開便當盒，就看到似乎很好吃的飯糰，
仔細一看，竟是有拉鍊的可愛小布包。
小小的點狀圖案就像黑芝麻，
繡在海苔上的表情看了很溫暖，
令人不由得也微笑起來。

size ▸▸▸ 9×9×4cm
design ▸▸▸ 佐藤真美
how to make ▸▸▸ p.102

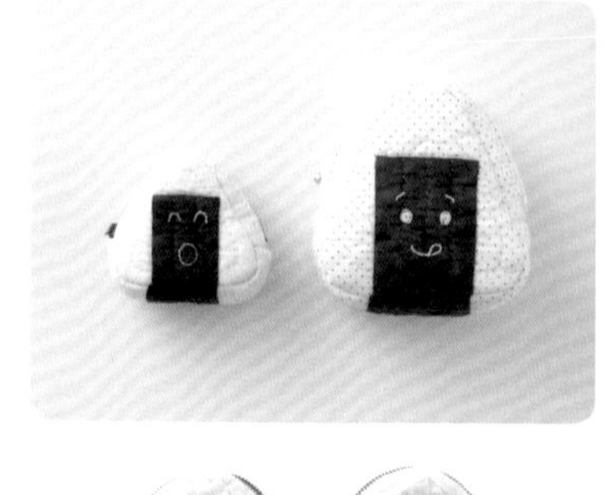

上／把紙型放大150%，還可以做出大尺寸的布包，使用的拉鍊是20cm長。可以裝很多東西，拿來當作化妝包也不錯。
下／把飯糰小布包的內側翻出來的模樣。在裡布上用布貼或刺繡的方式為飯糰加料也很不錯！一拉開拉鍊就會瞥到裡面的圖案，很有意思。

48
49
50
51

no.48-51
水果小布包

這是用維他命色系讓包包裡面變得五彩繽紛的小布包。
西瓜籽用的是鈕釦，
草莓籽與柳橙的橙瓣是用縫線完成的。
小小的草莓束口袋可以當包包的裝飾
或者當作吊環也很不錯。

size ▸▸▸ 草莓:14.8×10cm 西瓜:9.5×19×6.5cm
柳橙:13×3cm 草莓束口袋:7.5×4.5cm
design ▸▸▸ 岡野榮子
how to make ▸▸▸ p.103～105

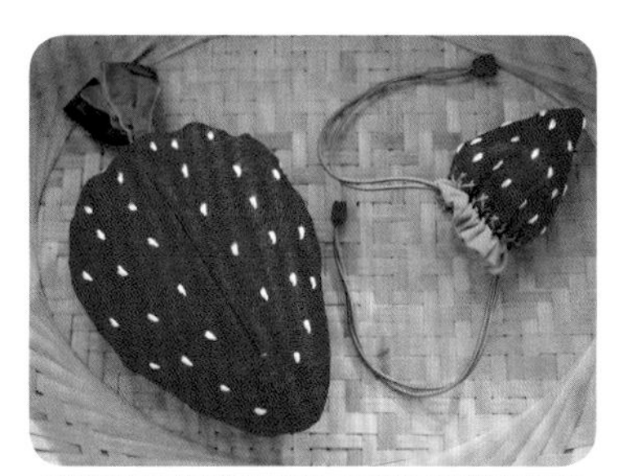

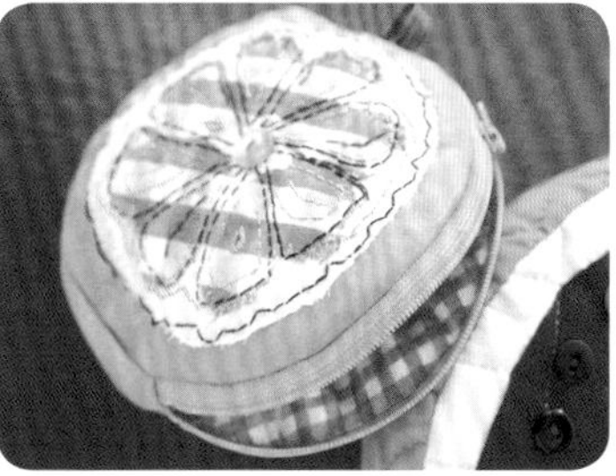

上／小小的草莓束口袋，大小和真的草莓幾乎一樣。旁邊的大草莓有縫拉鍊。
下／柳橙小布包內側的布也採用相同色調，選用橘色的格紋布。

no.52

小鳥小布包

這是在拉鍊上發揮創意的小布包。
使用一條碼裝拉鍊的單邊，
讓拉鍊從背部到尾巴繞一圈折返。
小鳥的腹部縫了褶角，做成圓鼓鼓的樣子。

size ▸▸▸ 10×16cm
design ▸▸▸ 渡邊真理子
how to make ▸▸▸ p.107

no.53

金魚小布包

拉鍊的部分就是嘴巴，
因此拉開拉鍊時，簡直像在說「給我飼料」。
尾鰭的縫法有直立與水平兩種，
直立的是用身體夾住縫合，
水平尾鰭是分開製作，之後再斜針縫在本體上。

size ▸▸▸ 9.5×7.5×19cm
design ▸▸▸ 梁川素子
how to make ▸▸▸ p.108

DON TOMAS

no.54

橄欖球形
修容包

這是建議在紳士之旅時帶上的機能型小布包。
兩個拉鍊口袋的內袋分別製作。
內袋若使用防水布製作，即使放入牙刷或刮鬍刀也能安心。

size ▸▸▸ 14×21×14cm
design ▸▸▸ 武部妙子
how to make ▸▸▸ p.110

在開始做之前……

- 圖中的數字若沒有特別標示，單位就是cm。
- 作法圖示或紙型中若沒有特別標示不加縫分（或已含縫分），皆為成品的尺寸，裁布時請在周圍加入適當的縫分。通常拼布是0.7cm，布貼是0.3～0.5cm，其他縫接處如無指定，裁布時一律加上1cm縫分。
- 壓線（絎縫）的作品，要把比表布大一圈的棉襯與底布（裡布）相疊，壓線後再修剪為成品尺寸加上縫分的大小。
- 成品尺寸是製圖上的尺寸，有時尺寸會因為使用不同縫法或者壓線，而多少有些不同。
- 標示在材料中的布料尺寸是寬度×長度cm。若裁布時要運用花紋，有時尺寸會有些變化，多準備一些會比較安心。此外，標示「碎布適量」的地方，請用手邊現有的布組合搭配即可。
- 有時縫線會簡寫為～st.。

1 製作小布包的步驟

裡布（背面）
棉襯
沿著接縫壓線
表布（正面）

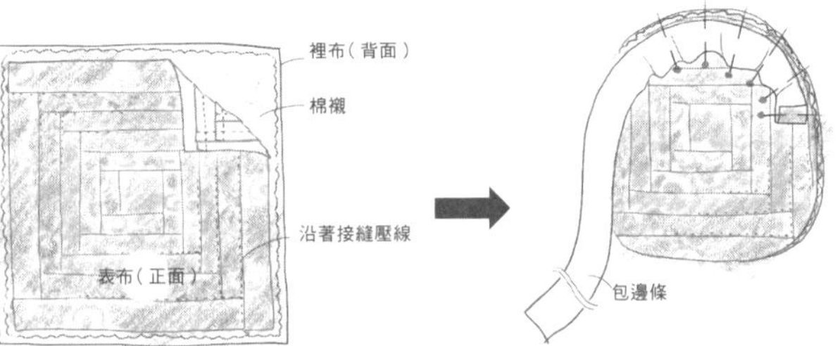

包邊條

1.縫製表布

用拼布、布貼或刺繡來製作表布。

2.壓線固定棉襯

在表布上疊上棉襯和裡布，為了不使布移位，先疏縫固定後再壓線。壓線後的布也稱為本體。

3.縫製完成

在周圍或袋口包邊，有拉鍊的布包縫上拉鍊。縫合側邊或側檔後完成。

2 縫的範圍

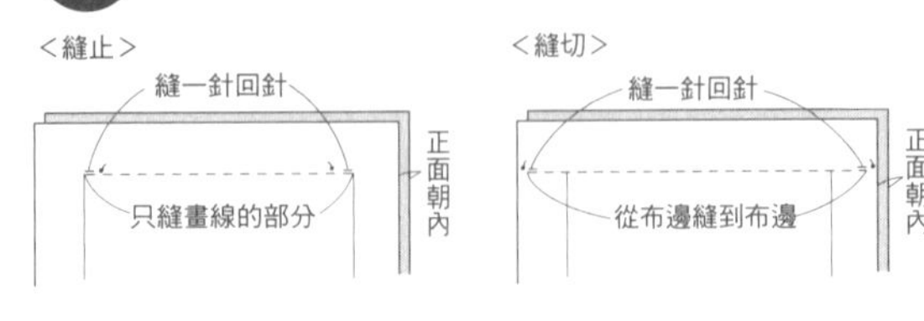

<縫止>
縫一針回針
只縫畫線的部分
正面朝內
<縫切>
縫一針回針
從布邊縫到布邊
正面朝內

只縫畫了縫線的部分，稱為「縫止」；另一方面，從布邊縫到布邊稱為「縫切」。（此為日文說法）

3 關於壓線

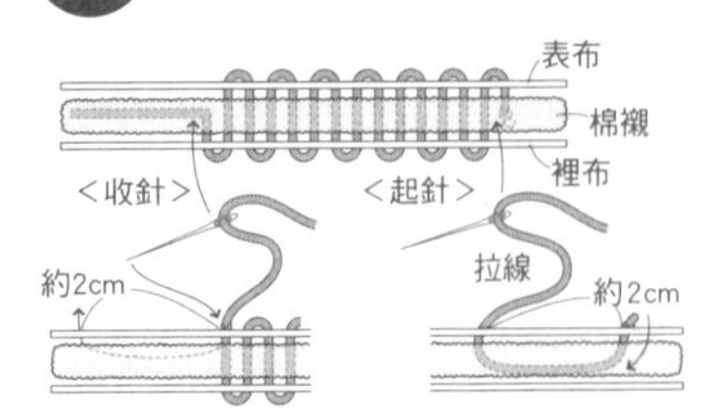

表布
棉襯
裡布
<收針>
<起針>
約2cm
拉線
約2cm

開始縫的時候要打結，從距離縫線起點2cm的地方下針後從起點穿出拉線，使線結藏入棉襯裡。縫完時針要穿出表面，打結，再插入同一個孔，穿入棉襯裡約2cm，使線結藏入棉襯中，然後出針把線剪斷。

4 包邊

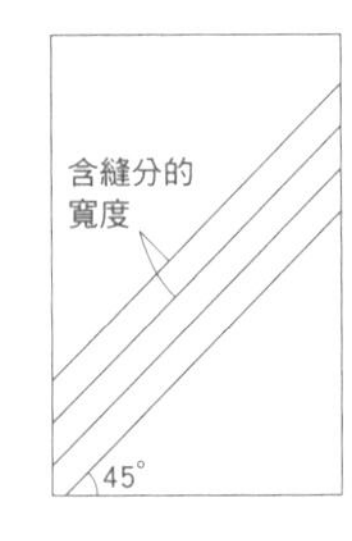

含縫分的寬度
45°

<斜紋包邊條的作法>
縫合
（背面）
（正面）

把周圍包起來的帶狀布條，稱為包邊條。包邊條有直布紋的與斜紋的，要配合作品來挑選。

5 基本縫法

<立針縫>

從山摺線的邊緣露出來的縫線，實際上只要拉緊線就看不到了。

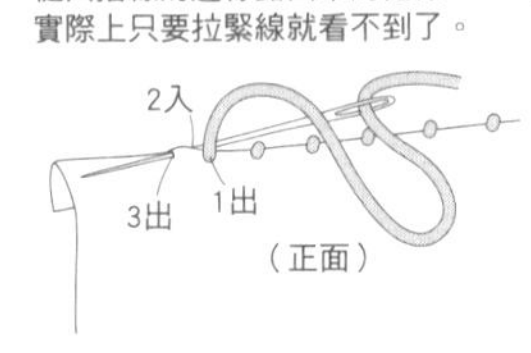

2入
3出
1出
（正面）

<捲針縫>

把布邊對準再捲針縫起來。

<梯形縫>

把布邊對準，交互穿梭。

<回針縫>

<交叉縫>

也稱為千鳥縫，由左往右縫的時候，同時讓線斜斜地在上下形成小小的交叉。交叉縫可以壓住拉鍊布帶，是常用的縫法。

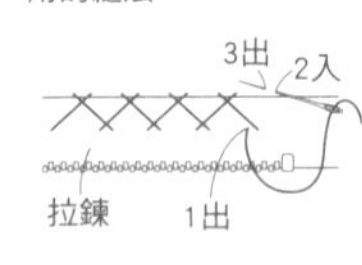

3出
2入
拉鍊
1出

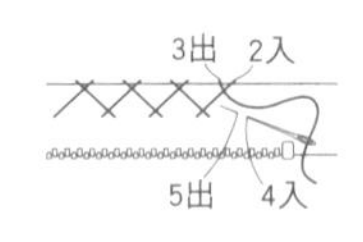

3出
2入
5出
4入

<星止縫>

這是讓表面的針趾不明顯的縫法。星止縫是在縫袋口或拉鍊的時候，用來取代縫紉機車縫的方法。

6 拉鍊的安裝方法

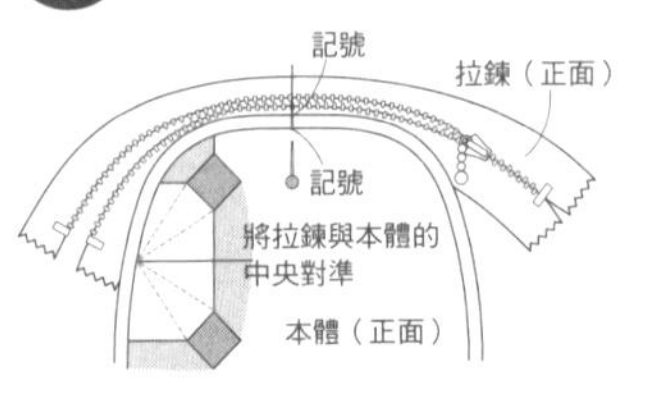

記號
拉鍊（正面）
記號
將拉鍊與本體的中央對準
本體（正面）

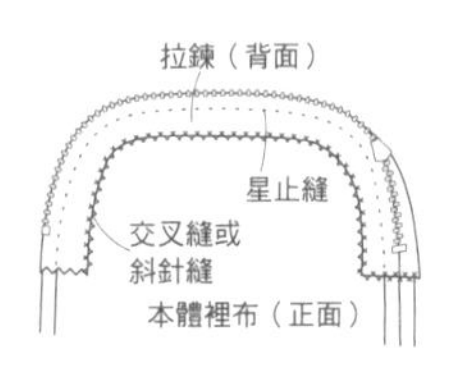

拉鍊（背面）
星止縫
交叉縫或斜針縫
本體裡布（正面）

在拉鍊與本體的中央畫上記號，並將兩者對準以免位移。要讓拉鍊的金屬部分從正面看得到，並插入珠針固定。拉鍊用星止縫，拉鍊的布帶尾端用交叉縫或斜針縫固定。

▸▸p.10

o.5 三角形小布包

●材料

拼布用布…3種印花布各5×25cm
裡布、薄棉襯…各15×25cm
蕾絲緞帶…寬1.4×25cm
水波緞帶…橘色寬0.6×25cm
圓形大串珠…紅色適量
按釦…直徑1cm兩組
5號繡線…綠色段染適量

●作法 參照圖示

●原寸紙型 P69

① 將加上縫分的表布A、B、C 3片拼接縫合起來，做成表布。

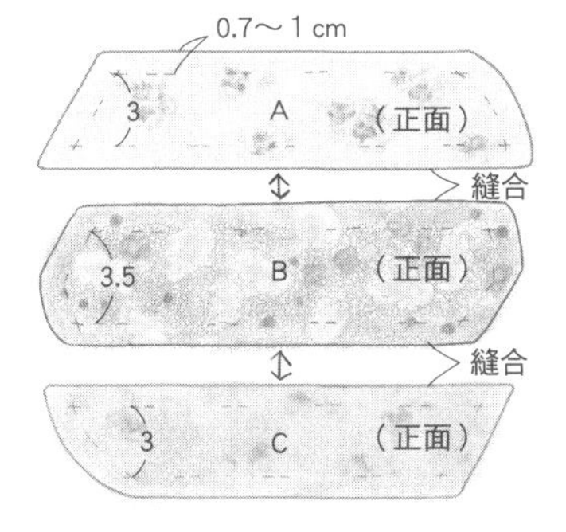

0.7～1 cm
3
A
（正面）
縫合
3.5
B
（正面）
縫合
3
C
（正面）

② 大略剪下一片比表布大一圈的薄棉襯，把表布疊在上面。

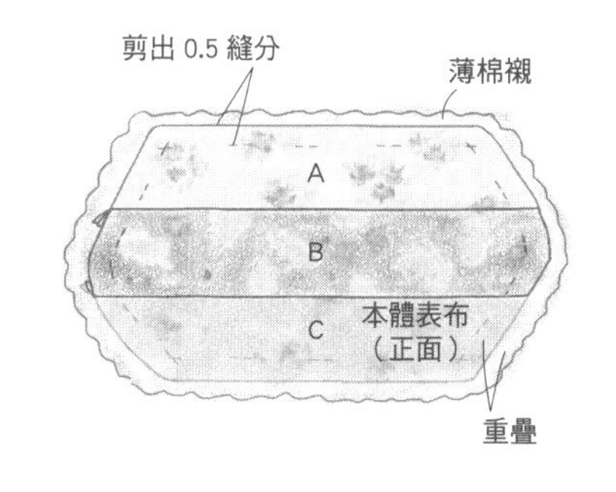

剪出 0.5 縫分
薄棉襯
A
B
C
本體表布
（正面）
重疊

③ 由中心往外疏縫，最後在周圍疏縫一圈。沿著拼布的接縫壓線。

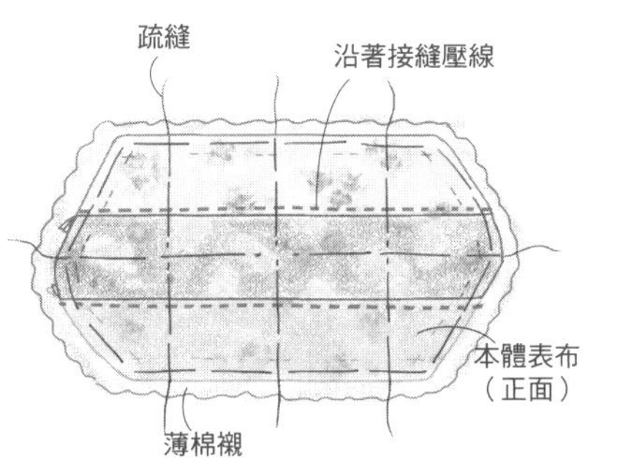

疏縫
沿著接縫壓線
本體表布
（正面）
薄棉襯

④ 將周圍以外的疏縫線拆掉，把蕾絲緞帶與水波緞帶放在拼接縫的壓線上，用圓形大串珠與繡線裝飾固定。

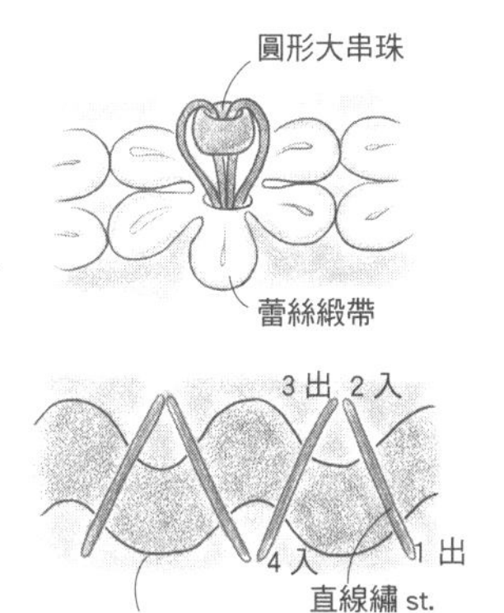

薄棉襯
蕾絲緞帶
本體表布（正面）
水波緞帶
圓形大串珠
蕾絲緞帶
3 出 2 入
4 入
1 出
水波緞帶
直線繡 st.
（1 條線）

⑤ 將④與裡布以正面相對重疊，留下返口縫合周圍。沿著縫線單獨裁剪薄棉襯，再將表布與裡布裁剪成留下0.5cm縫分的大小，之後從返口翻回正面。

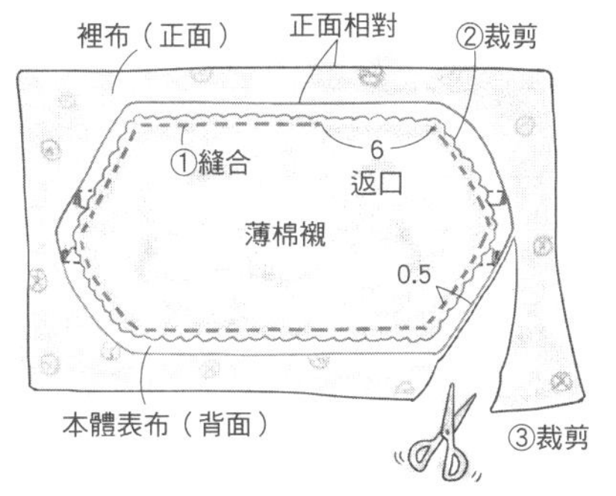

裡布（正面）
正面相對
②裁剪
①縫合
6
返口
薄棉襯
0.5
本體表布（背面）
③裁剪

⑥ 本體翻回正面後，將返口斜針縫起來。絎縫壓線、調整形狀，在周圍縫星止縫。

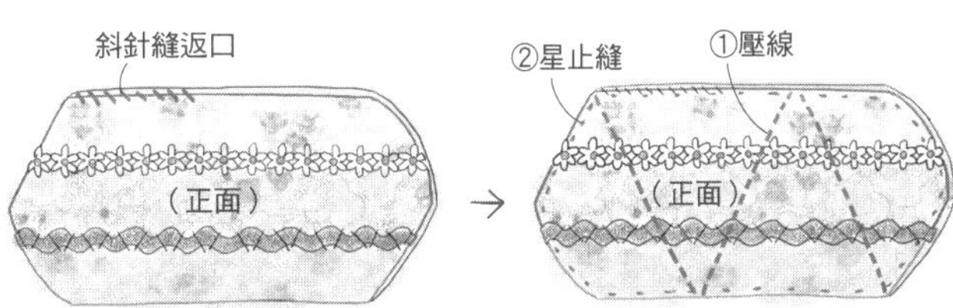

斜針縫返口
（正面）
②星止縫
①壓線
（正面）

⑦ 在本體的正面與背面分別縫上按釦，再沿著壓線摺成三角形，用按釦固定住後，小布包就完成了。

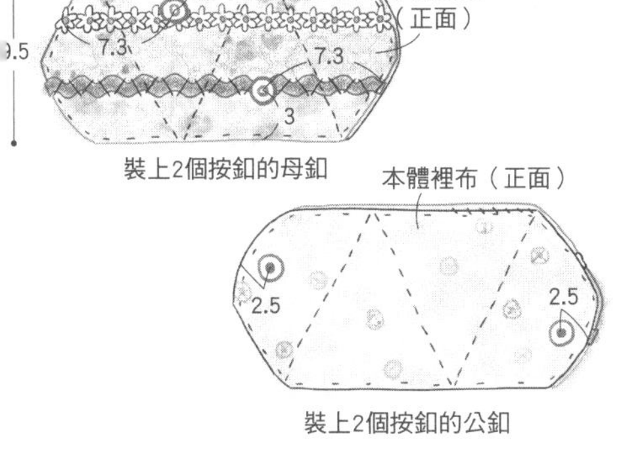

3
本體表布
（正面）
7.3
7.3
9.5
3
本體裡布（正面）
2.5
2.5

裝上2個按釦的母釦

裝上2個按釦的公釦

應用作品

<迷你款式>

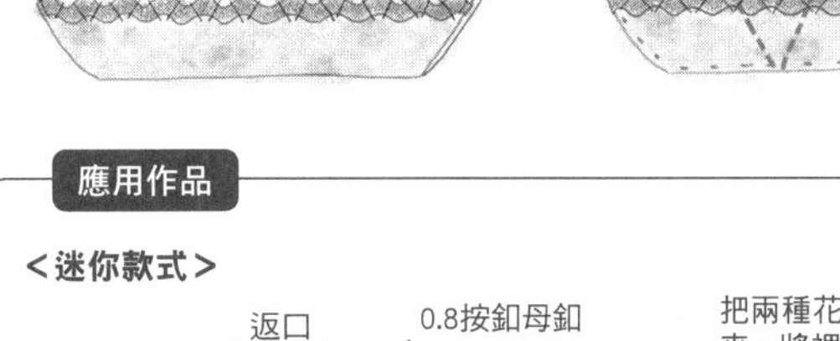

返口
0.8按釦母釦
2
1.5
6
1.5
星止縫
沿著接縫壓線
0.8按釦公釦
13.8

把兩種花布在中央縫接起來，將裡布與棉襯相疊，翻回正面之後，沿著接縫壓線，再如圖所示壓線。

<拼布款式>

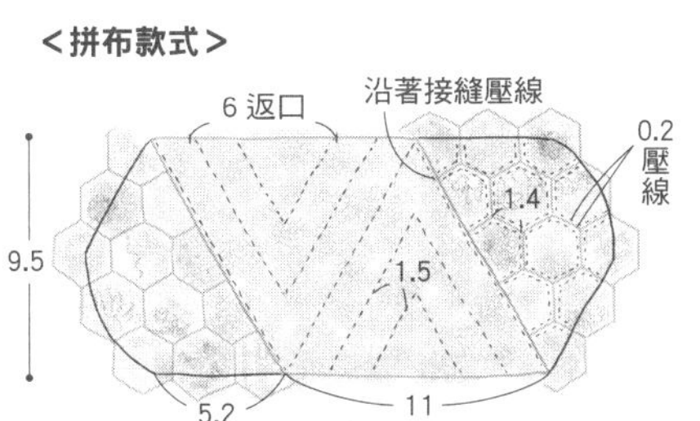

6 返口
沿著接縫壓線
0.2
壓線
1.4
9.5
1.5
5.2
11
21.8

拼布的六邊形部分要做得比成品尺寸稍大，再和其他布拼接起來縫製成本體表布。然後重新畫出完成線，接下來的作法和基本的小布包相同。

▸▸▸ p.30

no.18 眼鏡袋

●材料

底布…棕色的先染布25×25cm

布貼用布…臙脂色7×15cm

配色布…黑色7×15cm

裡布、棉襯…各25×25cm

單孔裝飾釦…直徑0.8cm7個

圓形小串珠…7個

小串珠…16個

磁釦…直徑1cm一組

●作法 參照圖示

●原寸紙型 P69

1 把圖案描繪在布貼用布的正面。把鏡片用的配色布疊在下方，在鏡框圖案的周圍疏縫固定，留下縫分後將鏡片的部分挖空，在縫分上剪牙口。

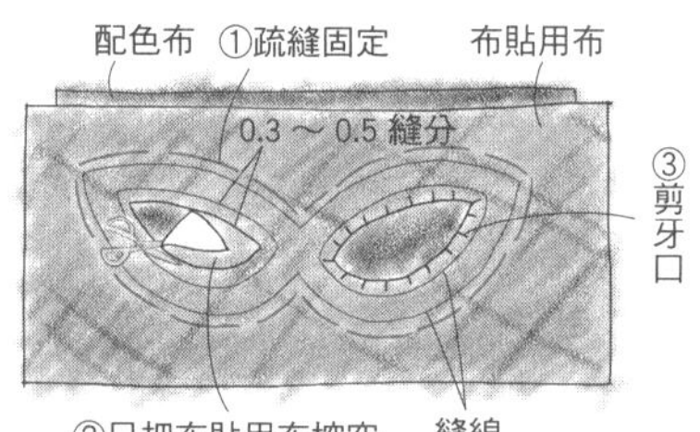
配色布
①疏縫固定
布貼用布
0.3～0.5縫分
③剪牙口
②只把布貼用布挖空
縫線

2 把剪了牙口的縫分往內摺後斜針縫，將疊在下面的配色布周圍多餘的布料剪掉。布貼用布的周圍加上縫分後裁剪下來。

①斜針縫
②剪掉背面配色布多餘的部分
③加上0.5縫分後裁剪

3 在底布正面畫上眼鏡袋的縫線，並描繪鏡框的圖案。畫上 1.5 cm的方格狀壓線後，貼布縫上眼鏡。

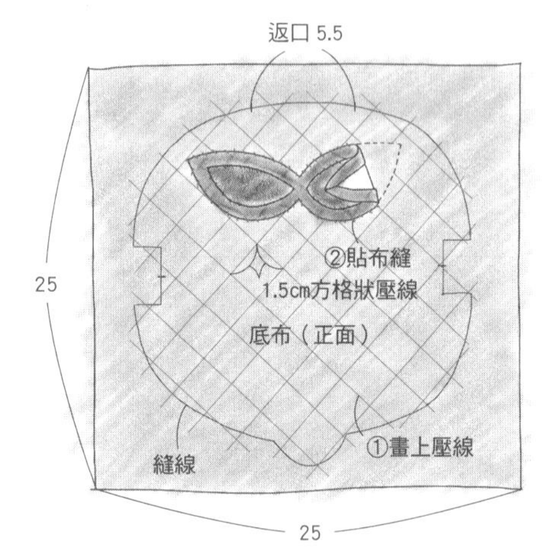
返口 5.5
②貼布縫
1.5cm方格狀壓線
底布（正面）
25
縫線
①畫上壓線
25

4 將底布與裡布以正面相對重疊，底布朝上放，棉襯疊在最下層。疏縫固定之後，留下返口，將縫線車縫起來，然後緊沿著車縫線剪下多餘的棉襯後，再剪掉多餘的布。

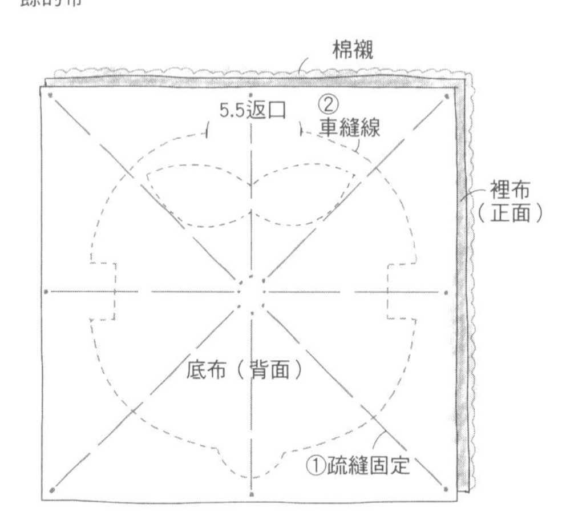
棉襯
5.5返口
②車縫線
裡布（正面）
底布（背面）
①疏縫固定

5 從返口翻回正面後，縫合返口，在布貼外圍沿著接縫壓線，再壓上方格狀的壓線。

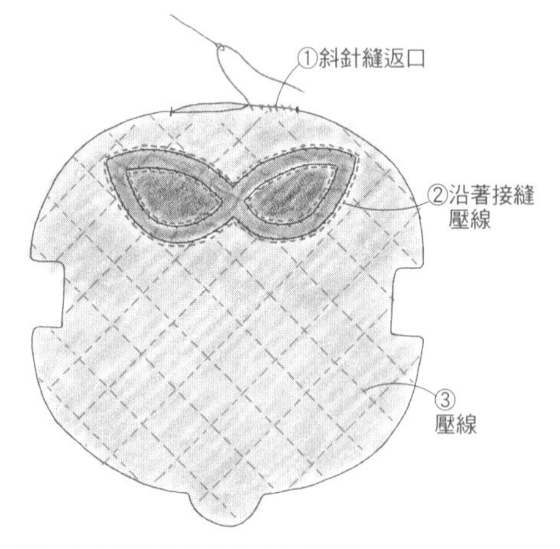
①斜針縫返口
②沿著接縫壓線
③壓線

6 將本體以正面朝內對摺，用捲針縫縫合兩端直到縫止點。打開底端對齊，縫上捲針縫，做出側襠。

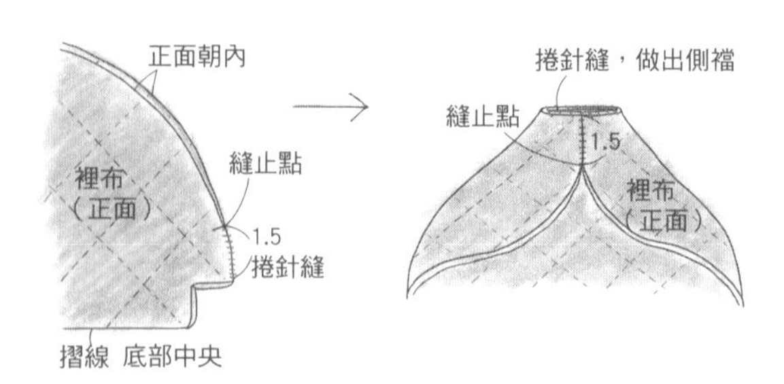
正面朝內
裡布（正面）
縫止點
1.5
捲針縫
摺線 底部中央
捲針縫，做出側襠
縫止點
1.5
裡布（正面）

7 在本體前片的裡布縫上磁釦的公釦，在本體後片的表布縫上母釦。

磁釦的公釦縫在前片裡布（正面）
正面朝內
本體後片（正面）
磁釦的母釦縫在後片（正面）

8 把小串珠縫在眼鏡框上，將單孔裝飾釦與圓形小串珠組合起來，均等地縫在本體袋口周圍。

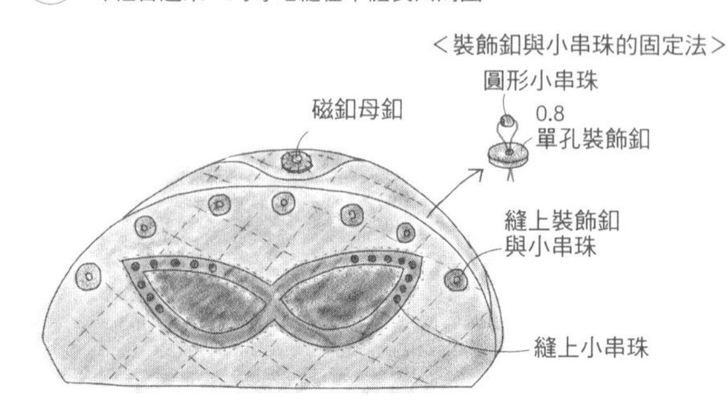
<裝飾釦與小串珠的固定法>
圓形小串珠
0.8
單孔裝飾釦
磁釦母釦
縫上裝飾釦與小串珠
縫上小串珠

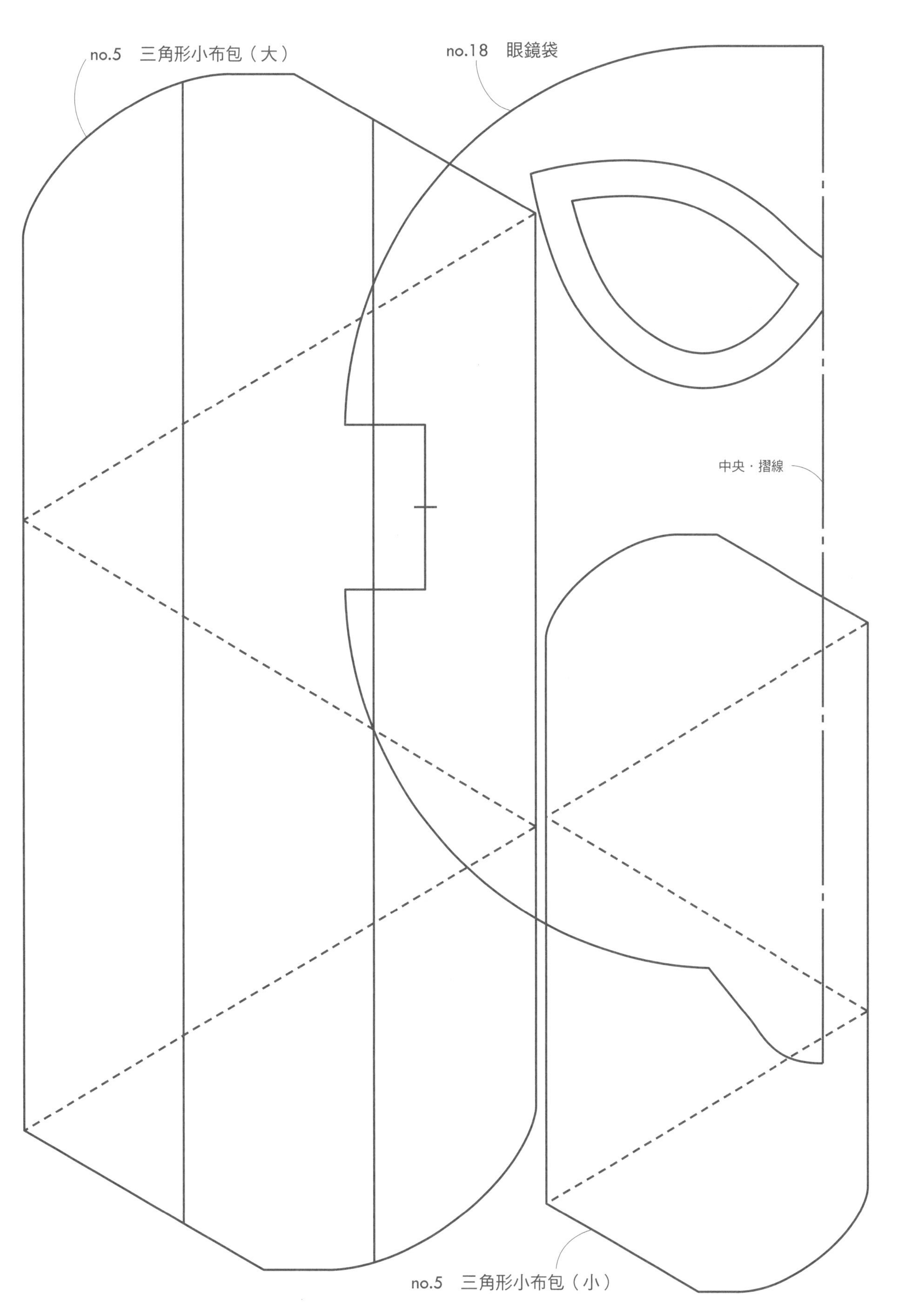
no.5　三角形小布包（大）
no.18　眼鏡袋
中央・摺線
no.5　三角形小布包（小）

▸▸▸ p.37

no.24 箱型零錢包

●材料

拼布用布…碎布適量

裡布、單膠棉襯…各30×30cm

按釦…直徑1.3cm一組

25號繡線…藍色適量

●作法 參照圖示

配置圖

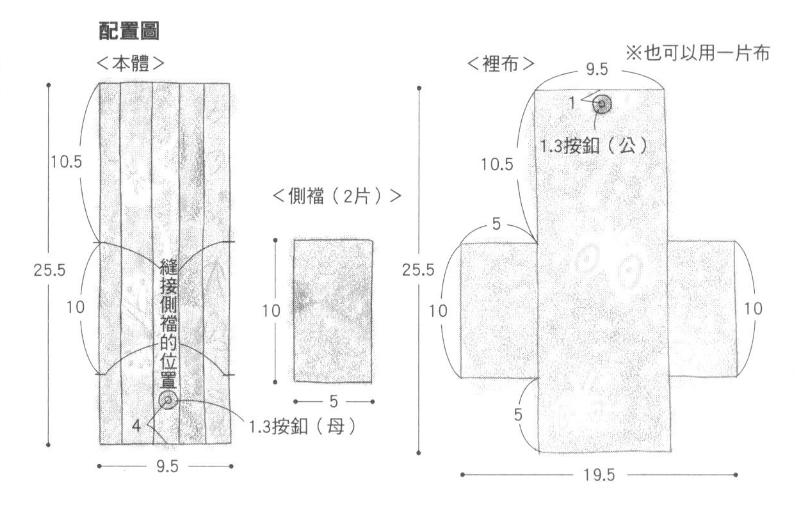

<本體>
10.5
25.5
10
縫接側檔的位置
4
9.5
1.3按釦（母）
<側襠（2片）>
10
5
<裡布>
※也可以用一片布
9.5
1
1.3按釦（公）
10.5
5
25.5
10
10
5
19.5

1 參照配置圖裁剪本體與裡布，製作本體部分的拼布。要讓縫分倒向同一邊。

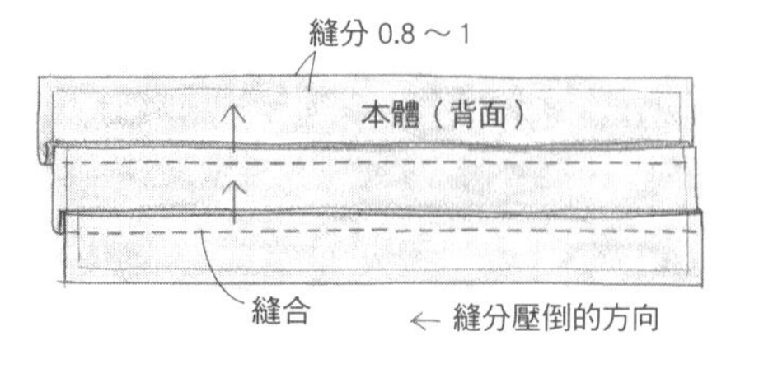

縫分 0.8～1
本體（背面）
縫合
← 縫分壓倒的方向

2 把 2 片側襠放在本體縫接側襠的位置，以正面相對重疊縫起來。縫分要倒向側襠。

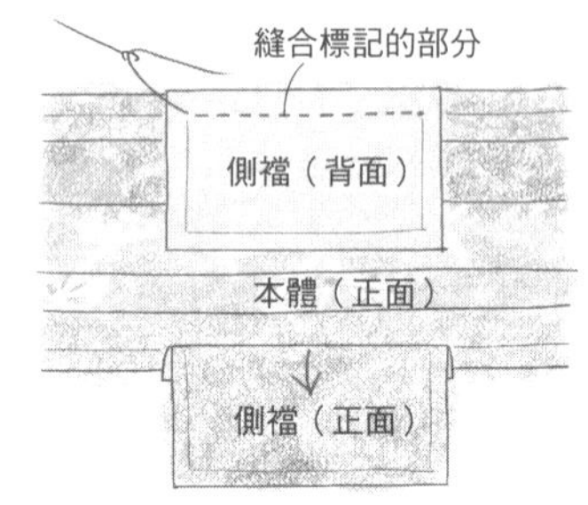

縫合標記的部分
側襠（背面）
本體（正面）
側襠（正面）

3 在步驟②中本體的拼布部分繡上人字疊上單膠棉襯，按照自己喜歡的寬度壓

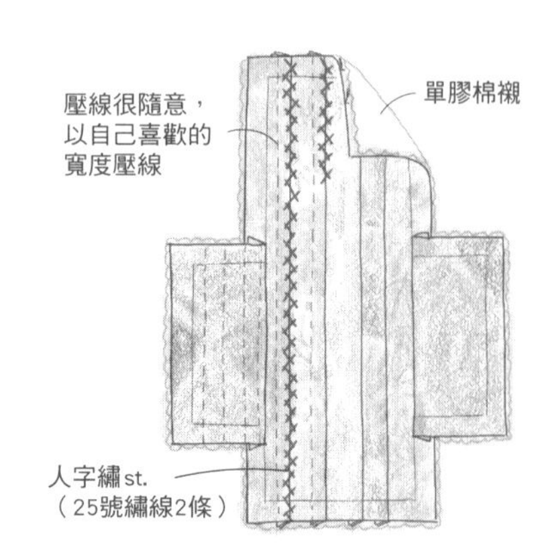

壓線很隨意，
以自己喜歡的
寬度壓線
單膠棉襯
人字繡 st.
（25號繡線2條）

4 用與製作本體相同的步驟製作裡布，再與壓好線的本體以正面相對重疊，留下返口縫合周圍，並沿著縫線修剪單膠棉襯。

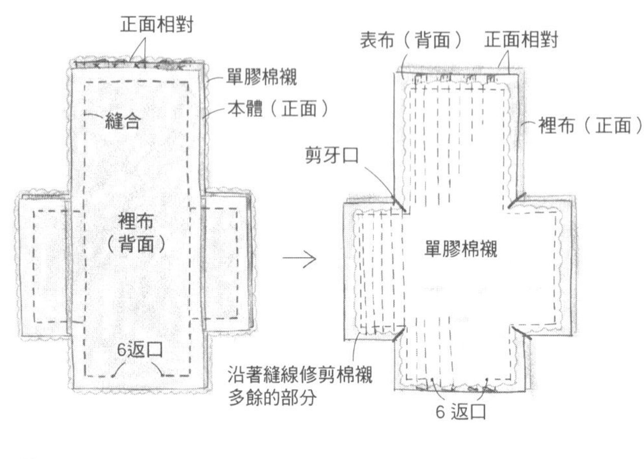

正面相對
單膠棉襯
本體（正面）
縫合
裡布
（背面）
6返口
表布（背面）
正面相對
裡布（正面）
剪牙口
單膠棉襯
沿著縫線修剪棉襯
多餘的部分
6 返口

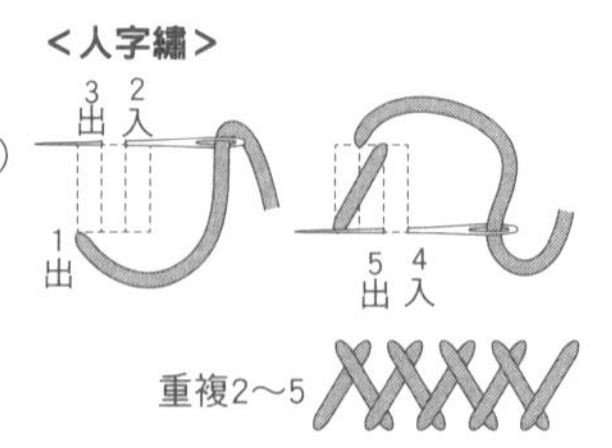

<人字繡>
3 出
2 入
1 出
5 出
4 入
重複2～5

5 從返口翻回正面調整外形後，縫合返口。墊著墊布，用熨斗熨燙單膠棉襯，讓棉襯貼上。

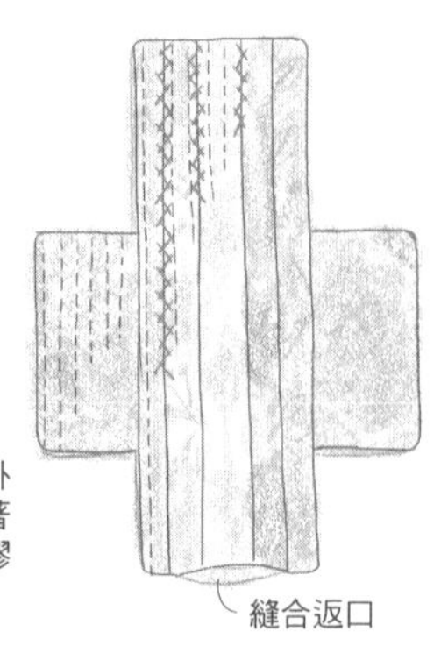

縫合返口

6 把側襠與側面立起來，用捲針縫細細地把相鄰邊縫起來，做成箱型。

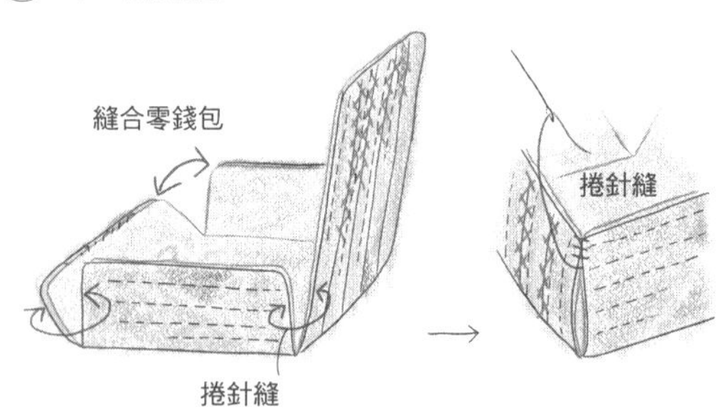

縫合零錢包
捲針縫
捲針縫

7 摺疊側襠，在掀蓋背面與前片縫上按釦就完成了。

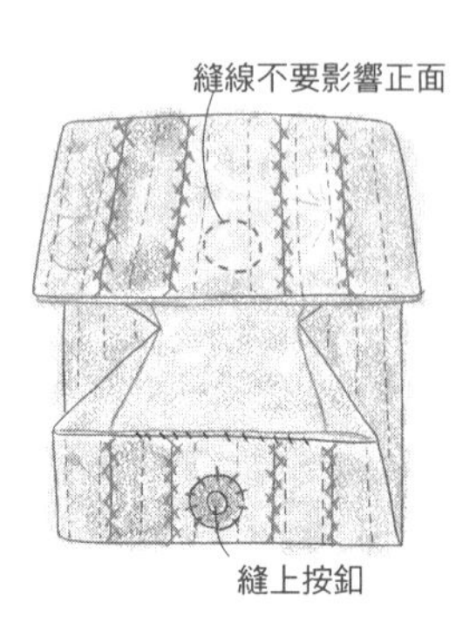

縫線不要影響正面
縫上按釦

▸▸▸p.40

no.27 有暗袋的小布包

●材料

拼布用布…碎布適量

裡布、單膠薄棉襯…各30×30cm

拉鍊…長14cm、20cm各1條

包邊條（斜紋）…3.5×90cm

●作法 參照圖示

●原寸紙型 P89

1 將碎布裁成喜歡的寬度，縫合成小木屋拼布作為表布，直到比紙型還大（約 30×30 cm）。

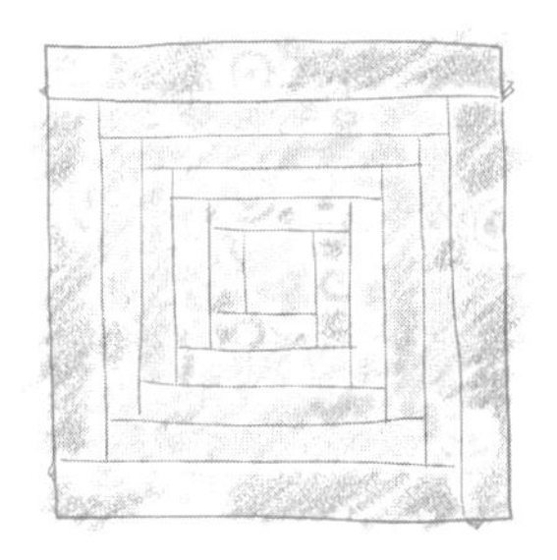

※也可以用一片布

2 從下方依序將裡布、棉襯、表布疊起來，沿著接縫壓線。

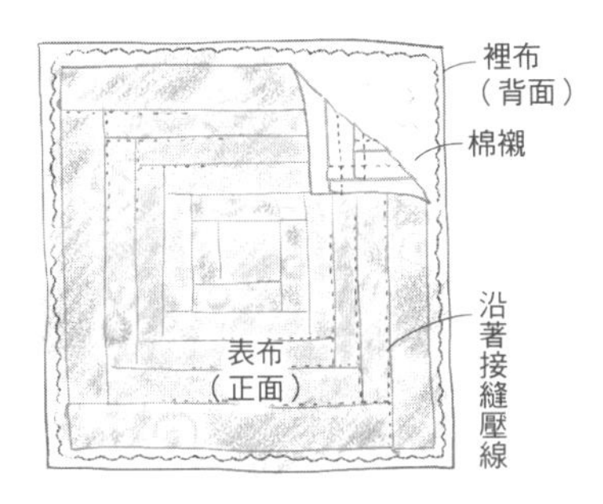

裡布
（背面）
棉襯
表布
（正面）
沿著接縫壓線

3 壓線完後，在中心點做上記號。

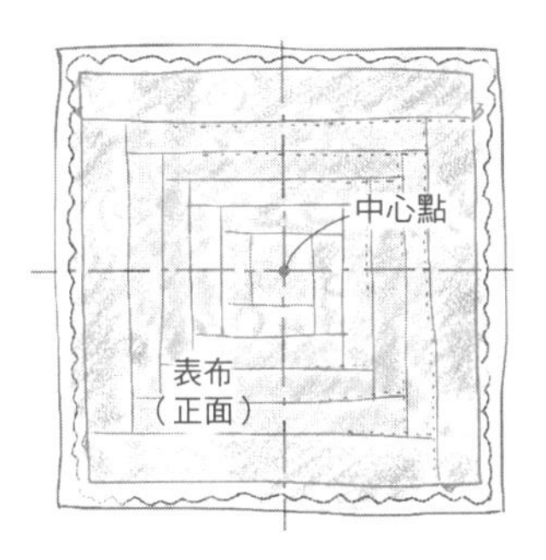

中心點
表布
（正面）

4 在原寸紙型上，畫上山摺線與翻摺線的交點A，把本體的中心點對準交點A，將紙型描繪在本體表布上。

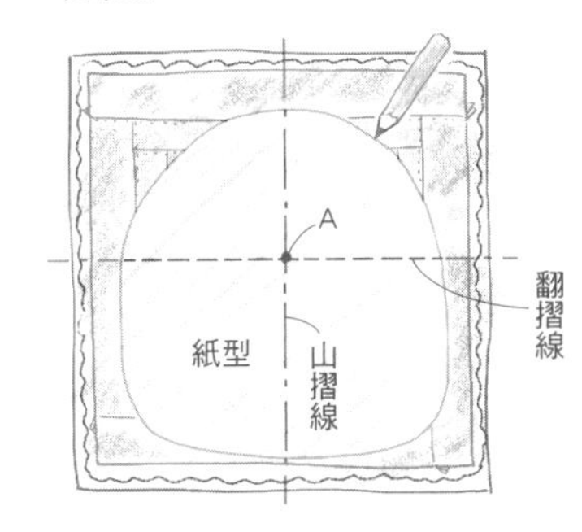

A
紙型
山摺線
翻摺線

5 沿著紙型剪裁，不加縫分。

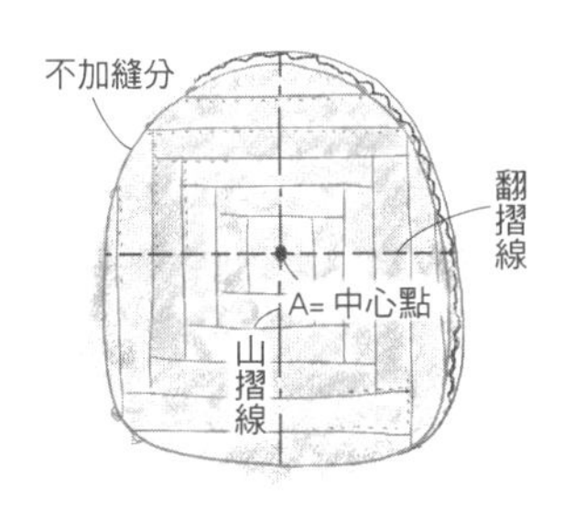

不加縫分
翻摺線
A= 中心點
山摺線

6 準備寬3.5cm的斜紋包邊條，在本體周圍包起寬0.8cm的邊。

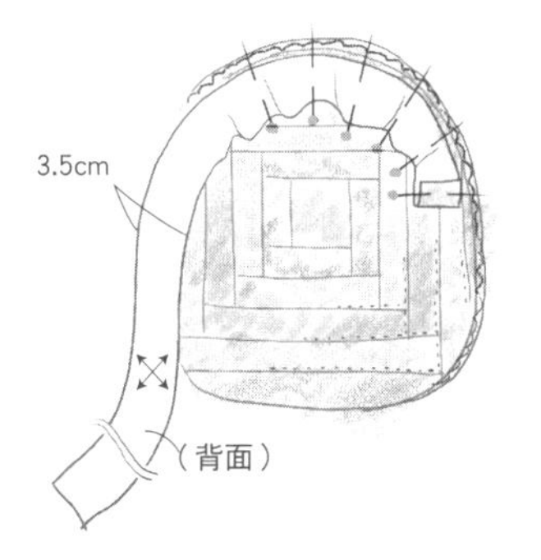

3.5cm
（背面）

7 將本體正面朝內，縱向對摺，確認兩條拉鍊的安裝位置。

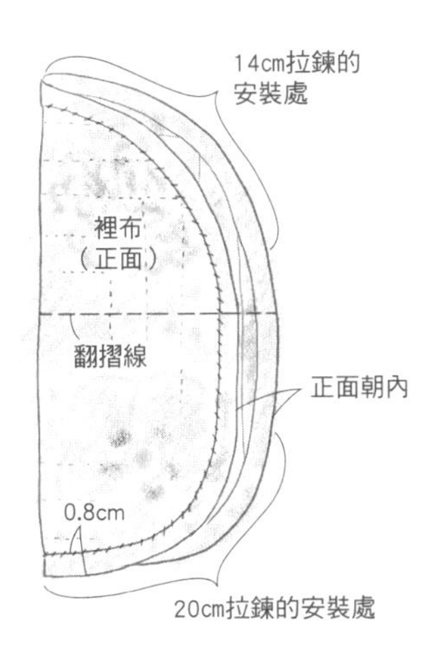

14cm拉鍊的
安裝處
裡布
（正面）
翻摺線
正面朝內
0.8cm
20cm拉鍊的安裝處

8 注意14cm拉鍊要縫在表布正面，20cm拉鍊要縫在裡布正面，注意拉鍊的正反面然後用星止縫縫上。用捲針縫縫合拉鍊與拉鍊之間的空隙，最後將翻摺線縫上。

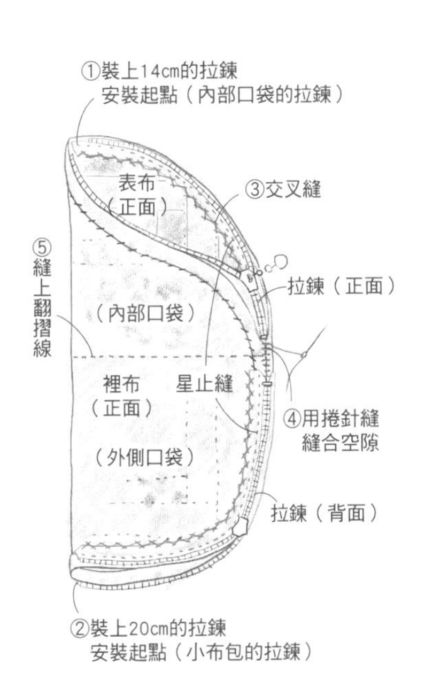

①裝上14cm的拉鍊
安裝起點（內部口袋的拉鍊）
表布
（正面）
③交叉縫
⑤縫上翻摺線
拉鍊（正面）
（內部口袋）
裡布
（正面）
星止縫
④用捲針縫
縫合空隙
（外側口袋）
拉鍊（背面）
②裝上20cm的拉鍊
安裝起點（小布包的拉鍊）

9 從20cm拉鍊那裡翻回正面，翻到翻摺線的地方調整外形，就完成了。

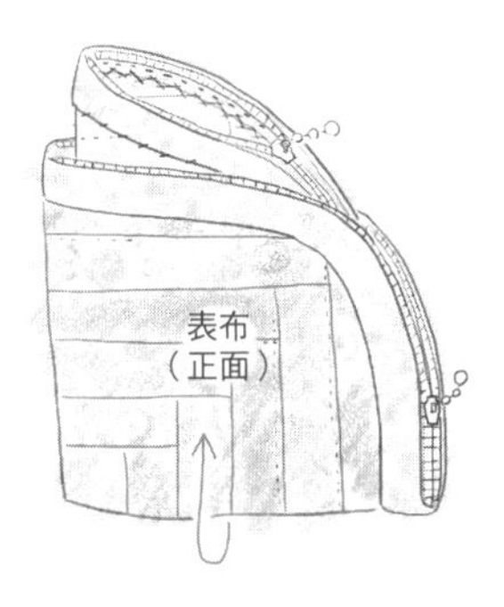

表布
（正面）

▸▸▸ p.41

no.28 風琴夾層的卡片夾

●材料

拼布用布…碎布適量

裡布…50×45cm（包含內部口袋與口袋內側的布）

棉襯…15×30cm

按釦…直徑0.6cm一組

裝飾釦…1個

●作法 參照圖示

① 把用喜歡的布拼接成的表布與棉襯相疊，縫上壓線。

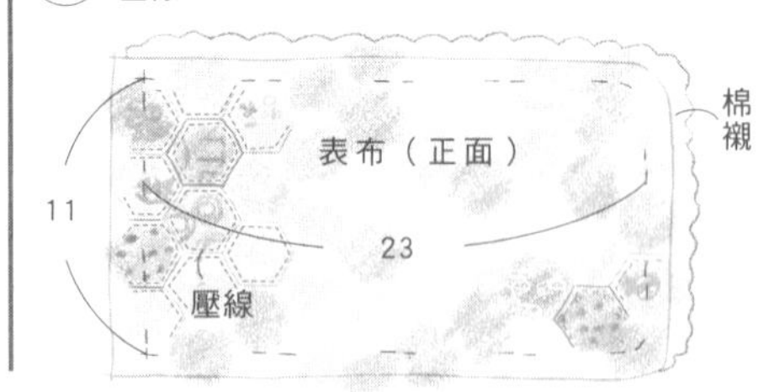

棉襯
表布（正面）
11
23
壓線

② 裁出口袋內側的布，與本體縫合。沿著縫分邊緣剪掉多餘的棉襯。

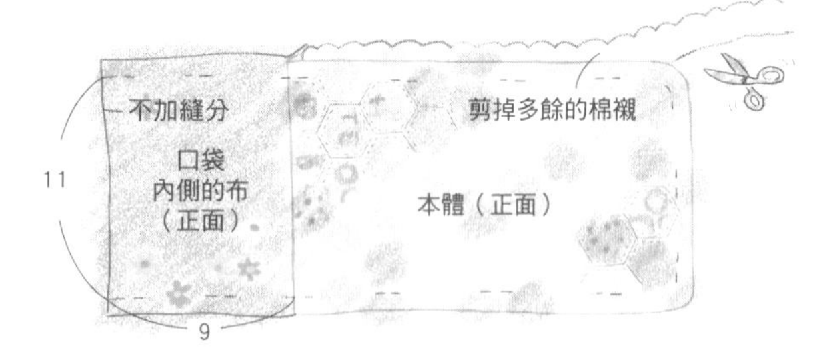

不加縫分
口袋內側的布（正面）
剪掉多餘的棉襯
本體（正面）
11
9

③ 裁出本體裡布，與②以正面相對重疊，留下返口，將周圍縫合起來。

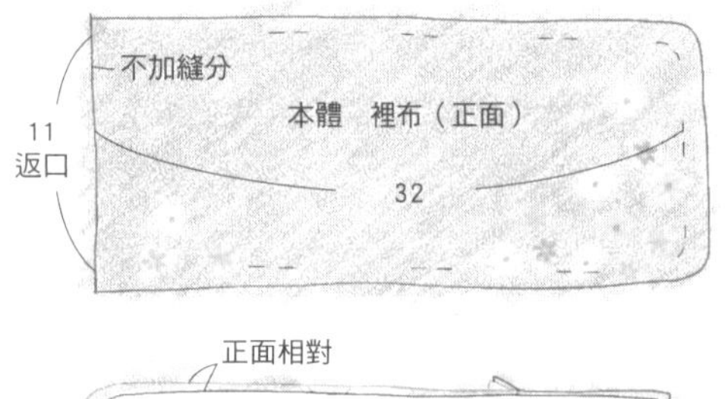

不加縫分
本體 裡布（正面）
11
返口
32

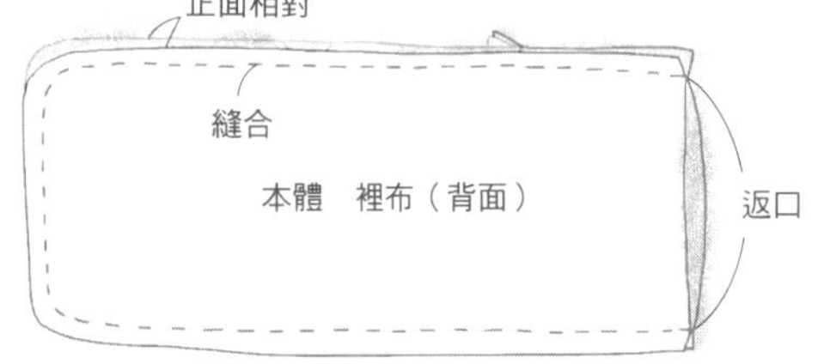

正面相對
縫合
本體 裡布（背面）
返口

④ 翻回正面，與口袋內側的布相疊，把本體裡布往內摺。在裡布往內摺的開口周圍與掀蓋側的周圍縫上平針縫。

⑤ 裁出內部口袋的布，正面朝內對摺，縫成筒狀，然後翻回正面。把兩端往內側摺9cm，在口袋開口周圍縫上平針縫。

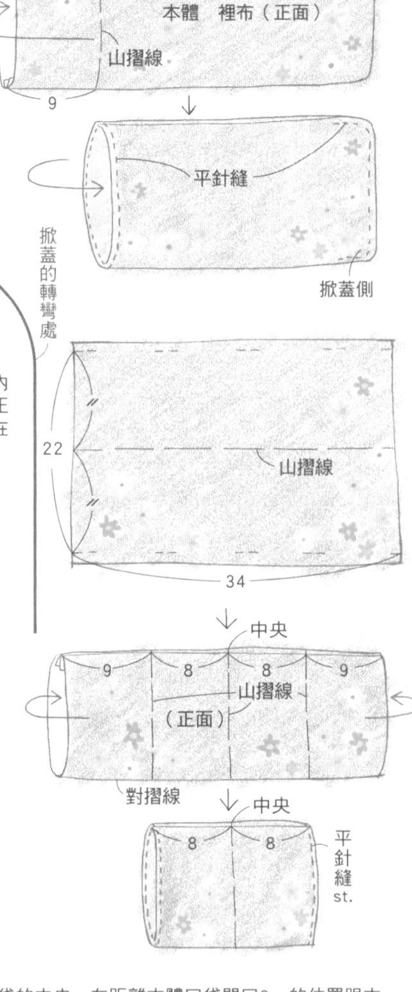

本體 裡布（正面）
山摺線
9
平針縫
掀蓋的轉彎處
掀蓋側
22
山摺線
34
中央
9
8
8
9
山摺線
（正面）
對摺線
中央
8
8
平針縫 st.

⑥ 將內部口袋的中央，在距離本體口袋開口8cm的位置跟本體縫在一起。

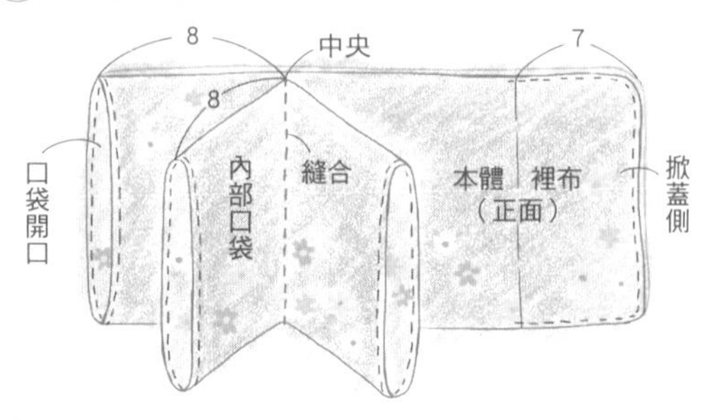

8
中央
7
8
口袋開口
內部口袋
縫合
本體 裡布（正面）
掀蓋側

⑦ 把口袋開口中央①縫在本體上，②與③分別與相鄰的口袋縫在一起。在掀蓋內側與本體縫上按釦，把裝飾釦縫在掀蓋正面，就完成了。

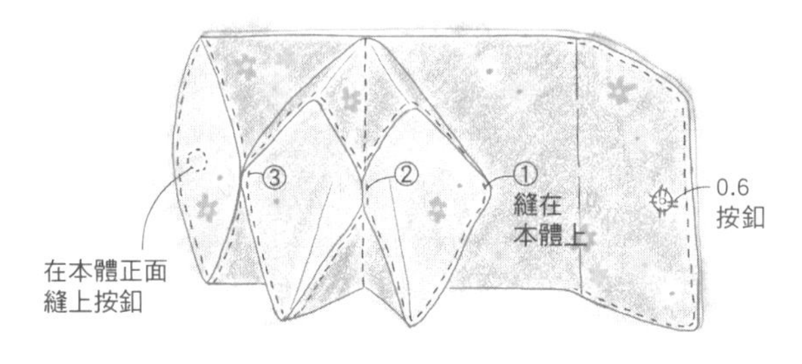

③
②
①縫在本體上
0.6 按釦
在本體正面縫上按釦

▸▸▸p.59

no.46 三角錐形 拉鍊小布包

●**材料**

緞帶…寬2.3×100cm

拉鍊…長60cm1條

●**作法** 參照圖示

① 從材料的緞帶中剪下8cm（不加縫分）做布環。

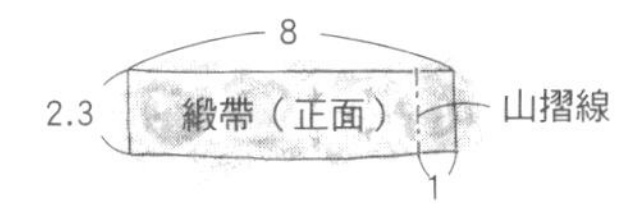

8
2.3
緞帶（正面）
山摺線
1

② 拉開拉鍊，把A側尾端交疊出布環緞帶的寬度後縫合，再將布環夾上縫合固定。

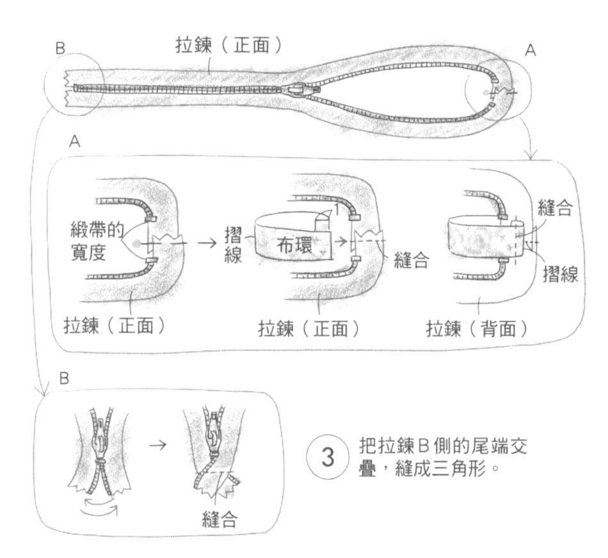

B
拉鍊（正面）
A
A
緞帶的寬度
摺線
布環
1
縫合
縫合
摺線
拉鍊（正面）
拉鍊（正面）
拉鍊（背面）
B
縫合

③ 把拉鍊B側的尾端交疊，縫成三角形。

④ 把緞帶一端往內摺1cm，疊放在拉鍊的★～☆標記之間，然後單邊用平針縫縫上固定，緞帶最後也要往內摺1cm，將多餘的部分剪掉。

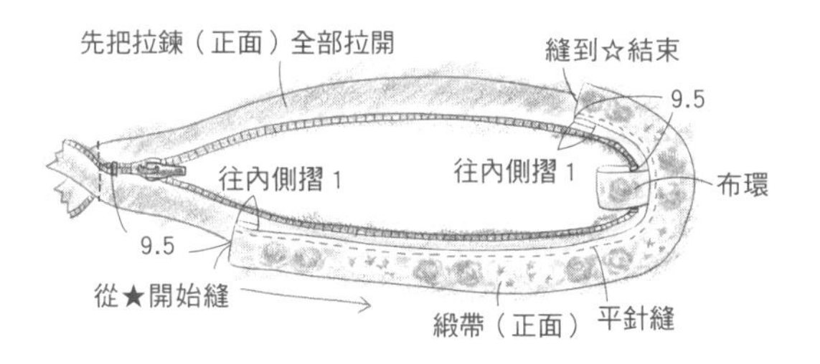

先把拉鍊（正面）全部拉開
縫到☆結束
9.5
往內側摺 1
往內側摺 1
布環
9.5
從★開始縫
緞帶（正面）
平針縫

⑤ 在★標記處把拉鍊對摺。

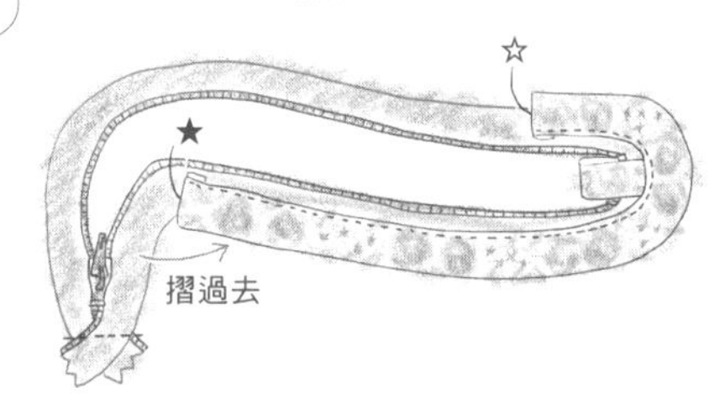

☆
★
摺過去

⑥ 處理緞帶的頭尾兩端。★標記處的緞帶以正面朝外對摺，把角對齊，仔細斜針縫縫合。縫完之後線先不要剪斷。

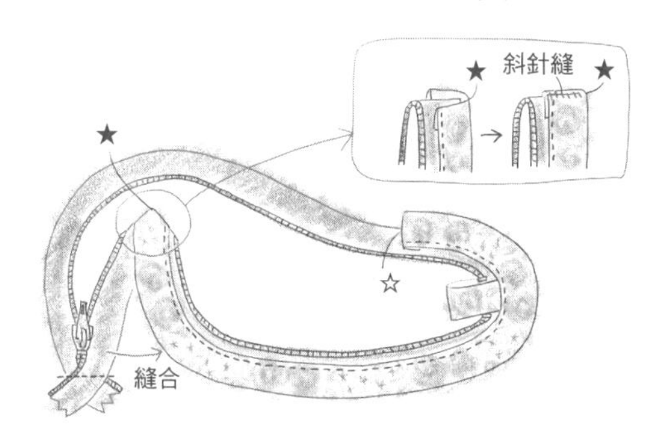

★
斜針縫
★
★
☆
縫合

⑦ 從★標記處開始將緞帶的另一邊疊在拉鍊上，讓鍊齒之間的寬度為 3 cm，再按照箭頭的方向縫過去。

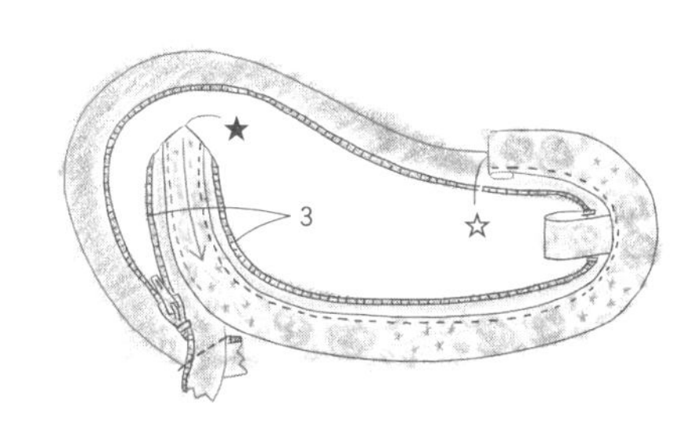

★
3
☆

⑧ 接著再繼續依箭頭方向以平針縫縫過去，最後用與⑥相同的作法處理尾端。拉上拉鍊後，就會變成三角形的形狀。

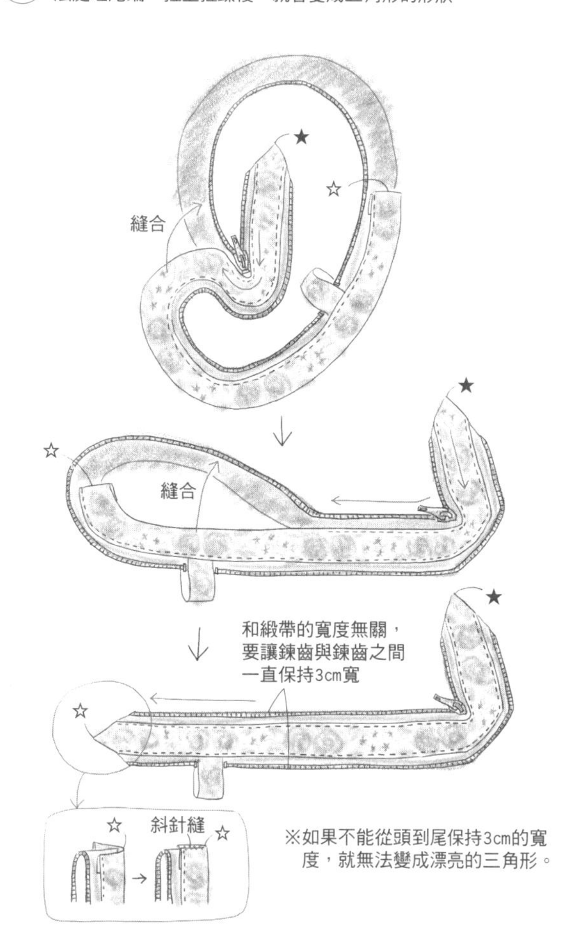

★
☆
縫合
★
☆
縫合
和緞帶的寬度無關，
要讓鍊齒與鍊齒之間
一直保持3cm寬
★
☆
☆
斜針縫
☆

※如果不能從頭到尾保持3cm的寬度，就無法變成漂亮的三角形。

▸▸▸ p.5

no.1 像氣球的圓滾滾束口袋

●**材料**

拼布用布…2種印花布各適量

口布…條紋布20×20cm

內袋、單膠薄棉襯…各35×20cm

緞帶…寬0.5×120cm

裝飾釦…1個

●**作法** 參照圖示

●**原寸紙型** P80

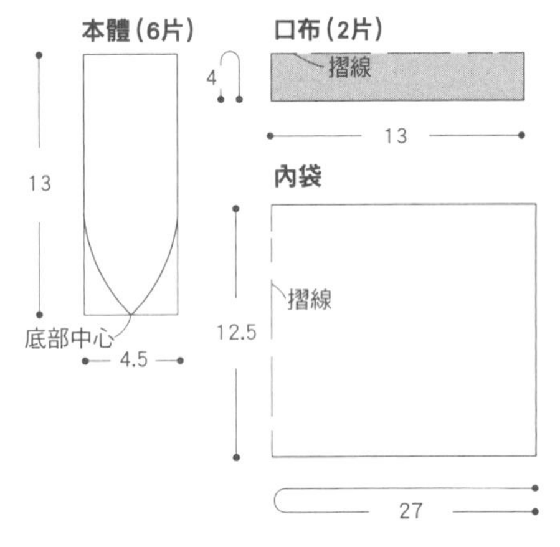

配置圖
本體（6片）
13
底部中心
4.5
口布（2片）
4
摺線
13
內袋
摺線
12.5
27

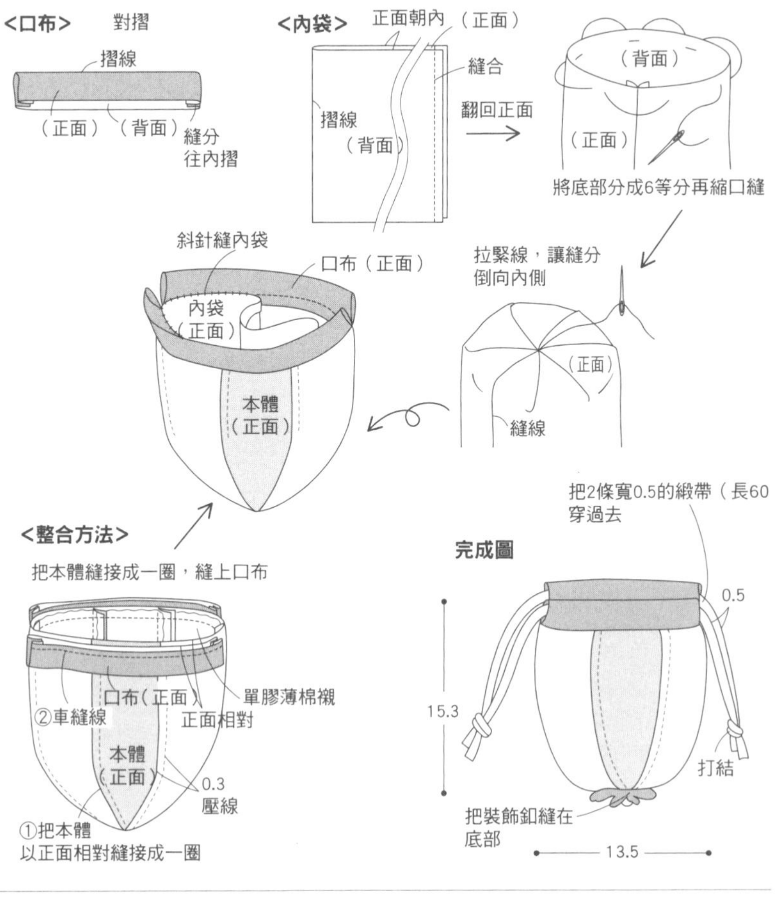

<口布>
對摺
摺線
（正面）
（背面）
縫分
往內摺
<內袋>
正面朝內
（正面）
縫合
摺線
（背面）
翻回正面
（背面）
（正面）
將底部分成6等分再縮口縫
拉緊線，讓縫分
倒向內側
（正面）
縫線
斜針縫內袋
口布（正面）
內袋
（正面）
本體
（正面）
<整合方法>
把本體縫接成一圈，縫上口布
口布（正面）
單膠薄棉襯
②車縫線
正面相對
本體
（正面）
0.3
壓線
①把本體
以正面相對縫接成一圈
完成圖
把2條寬0.5的緞帶（長60
穿過去
0.5
15.3
打結
把裝飾釦縫在
底部
13.5

▸▸▸ p.5

no.2 方形拼接的彈片口金小布包

●**材料**

拼布用布…碎布適量（含底部）

口布…羅紋緞帶寬3.6×30cm

內袋、單膠棉襯…各30×20cm

羅紋緞帶…寬0.5×25cm

彈片口金…寬1×11cm1個

●**作法** 參照圖示

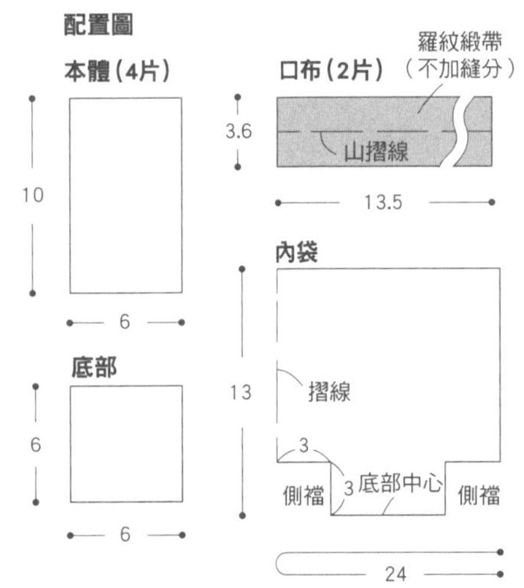

配置圖
本體（4片）
10
6
底部
6
6
口布（2片）
羅紋緞帶
（不加縫分）
3.6
山摺線
13.5
內袋
13
摺線
3
3
底部中心
側襠
側襠
24

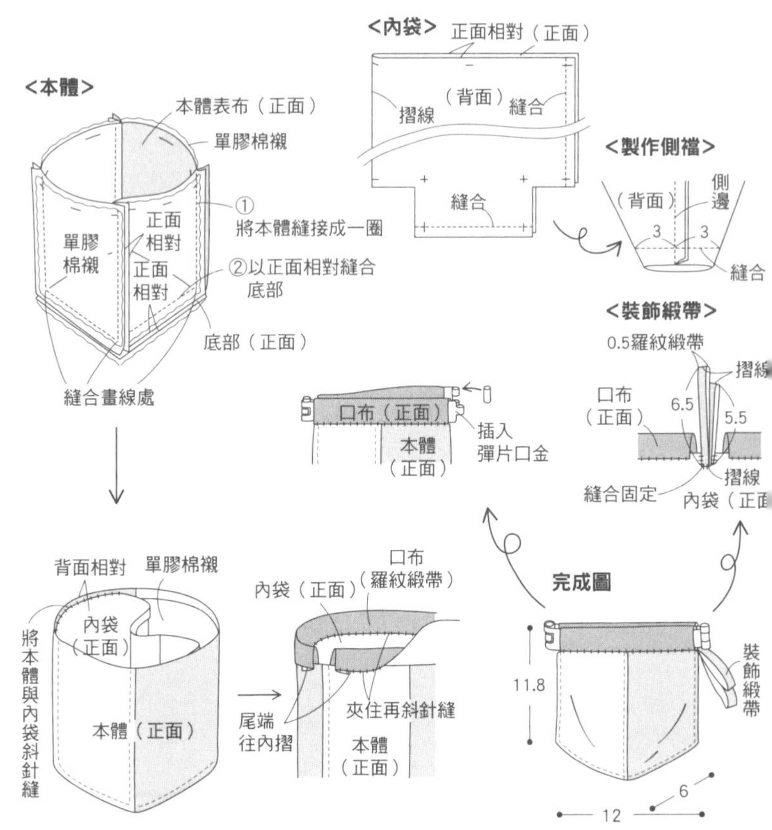

<本體>
本體表布（正面）
單膠棉襯
單膠
棉襯
正面
相對
正面
相對
①
將本體縫接成一圈
②以正面相對縫合
底部
底部（正面）
縫合畫線處
<內袋>
正面相對（正面）
摺線
（背面）
縫合
縫合
<製作側襠>
（背面）
側
邊
3
3
縫合
<裝飾緞帶>
0.5羅紋緞帶
口布
（正面）
6.5
5.5
縫合固定
口布（正面）
本體
（正面）
插入
彈片口金
背面相對
單膠棉襯
內袋
（正面）
將本體與內袋斜針縫
本體（正面）
口布
（羅紋緞帶）
內袋（正面）
尾端
往內摺
夾住再斜針縫
本體
（正面）
完成圖
11.8
裝
飾
緞
帶
6
12

p.6

no.3 摺疊後就能做出側襠的小布包

●**材料**

本體…30×25cm（大・中）、20×15cm（小）
掀蓋…15×10cm（大・中）、10×10cm（小）
裡布、單膠棉襯…各40×25cm
按釦…直徑1.2cm一組（大・中）、直徑1cm一組（小）
裝飾釦…2個（只有大・中）

●**作法**　參照P7的教學

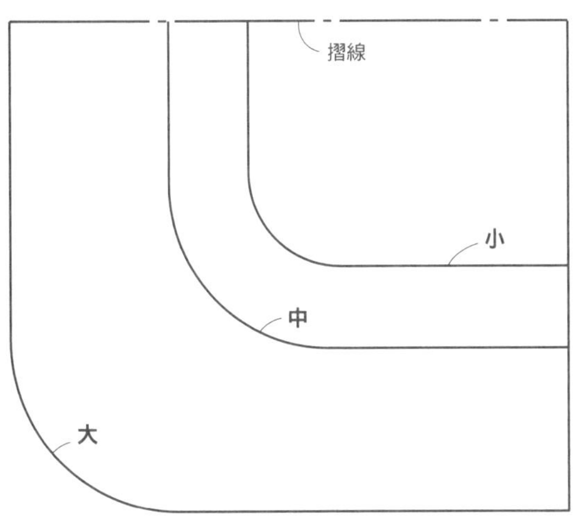

摺線
小
中
大

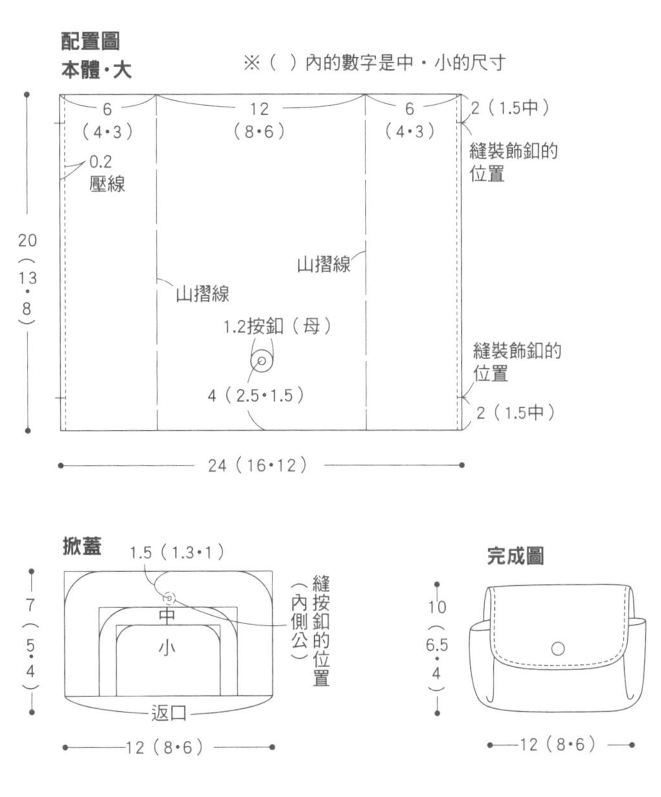

配置圖
本體・大
※（ ）內的數字是中・小的尺寸
6 (4•3)
12 (8•6)
6 (4•3)
2（1.5中）
縫裝飾釦的位置
0.2 壓線
20（13•8）
山摺線
山摺線
1.2按釦（母）
4（2.5•1.5）
縫裝飾釦的位置
2（1.5中）
24（16•12）
掀蓋
1.5（1.3•1）
7（5•4）
中
小
縫按釦的位置（內側公）
返口
12（8•6）
完成圖
10（6.5•4）
12（8•6）

p.8

no.4 用捲尺做的One touch小布包

●**材料**

拼布用布…碎布適量（包含布耳）
墊布、單膠棉襯…各35×30cm
裡布…45×30cm
捲尺…寬2.5×40cm
單膠薄布襯…適量

●**作法**　參照P9的教學

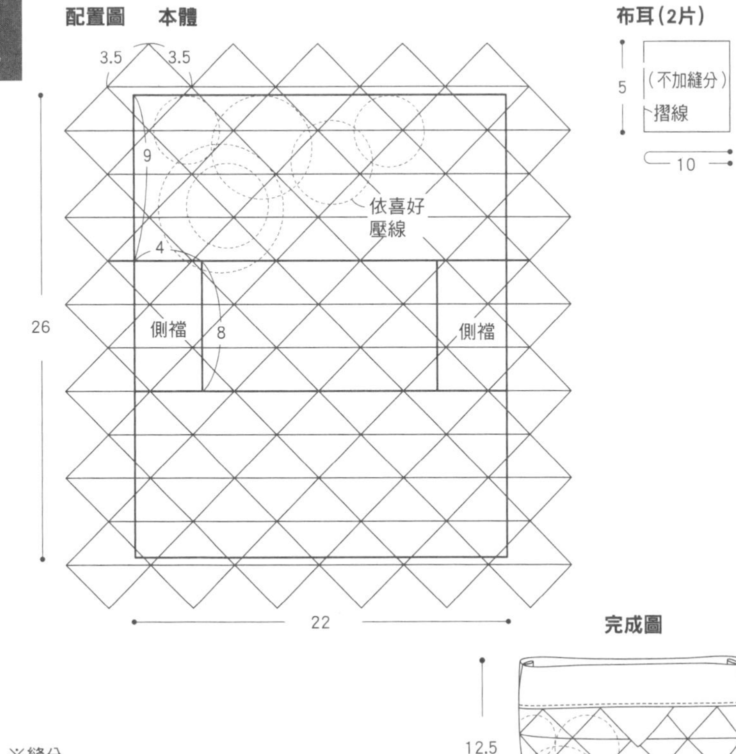

配置圖　本體
3.5
3.5
9
依喜好壓線
4
26
側襠
8
側襠
22
布耳（2片）
5
（不加縫分）
摺線
10
完成圖
12.5
14
8

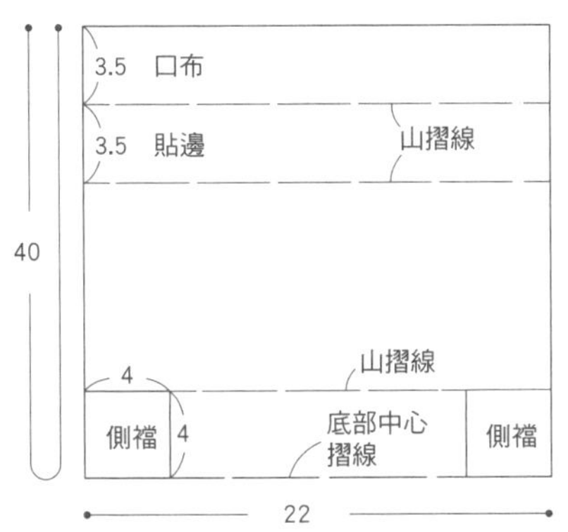

裡布
3.5 口布
3.5 貼邊
山摺線
40
山摺線
4
側襠
4
底部中心摺線
側襠
22

※縫分
側邊、側襠…1.5cm
袋口…1cm

▸▸▸ p.11

no.6 愛心形的摺疊式小布包

●材料

拼布、布貼用布…碎布適量

按釦…直徑1.3cm一組

單膠薄棉襯、單膠布襯、綠色絲線…各適量

●作法 參照圖示

●原寸紙型 P89

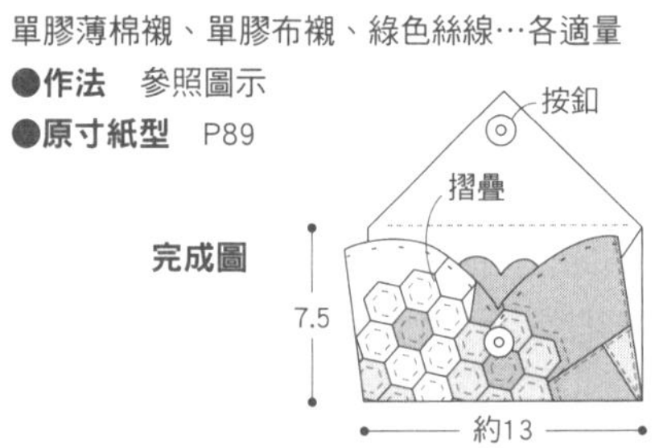

按釦
摺疊
完成圖
7.5
約13

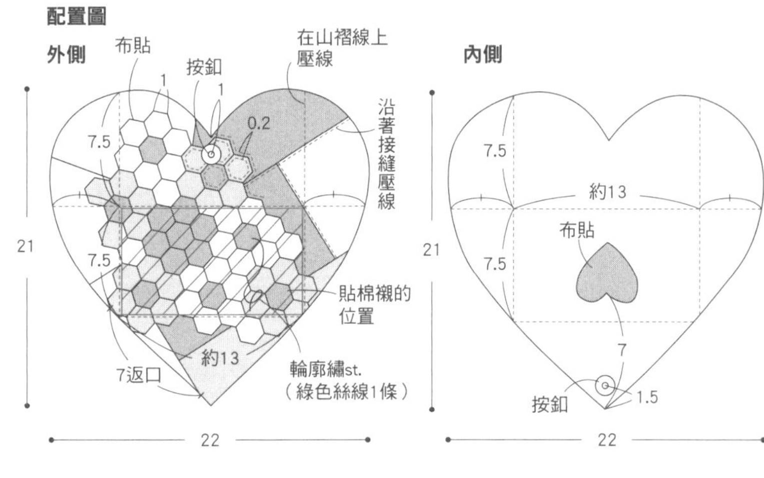

配置圖
外側
布貼
按釦
在山摺線上壓線
沿著接縫壓線
0.2
7.5
21
貼棉襯的位置
約13
7返口
輪廓繡st.（綠色絲線1條）
22
內側
約13
布貼
7
按釦
1.5

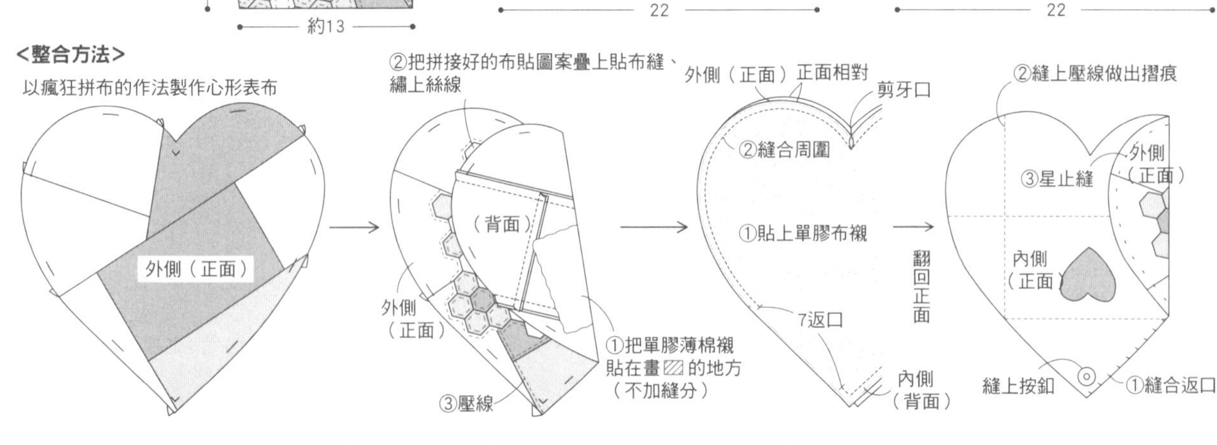

<整合方法>
以瘋狂拼布的作法製作心形表布
外側（正面）
②把拼接好的布貼圖案疊上貼布縫、繡上絲線
（背面）
外側（正面）
①把單膠薄棉襯貼在畫▨的地方（不加縫分）
③壓線
外側（正面）正面相對
剪牙口
②縫合周圍
①貼上單膠布襯
7返口
內側（背面）
翻回正面
②縫上壓線做出摺痕
外側（正面）
③星止縫
內側（正面）
縫上按釦
①縫合返口

▸▸▸ p.15

no.9 扁平小布包

●材料

拼布用布…碎布適量

裡布、單膠薄棉襯…各30×30cm

水波緞帶…寬0.6×50cm

鈕釦…直徑1.5cm1個

拉鍊…長20cm1條

吊飾…1個

●作法 參照圖示

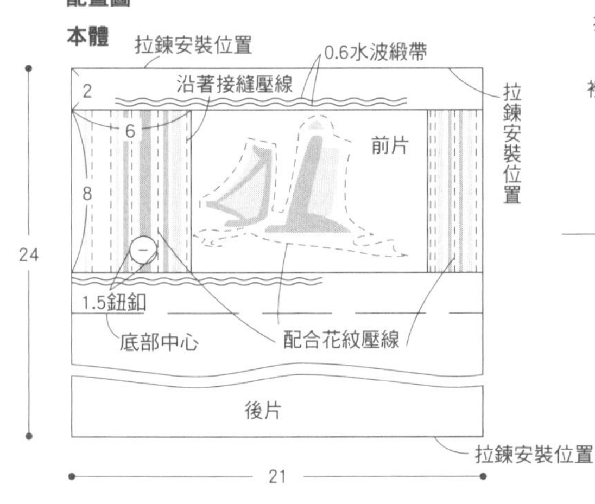

配置圖
本體
拉鍊安裝位置
0.6水波緞帶
沿著接縫壓線
2
6
8
24
前片
拉鍊安裝位置
1.5鈕釦
底部中心
配合花紋壓線
後片
拉鍊安裝位置
21

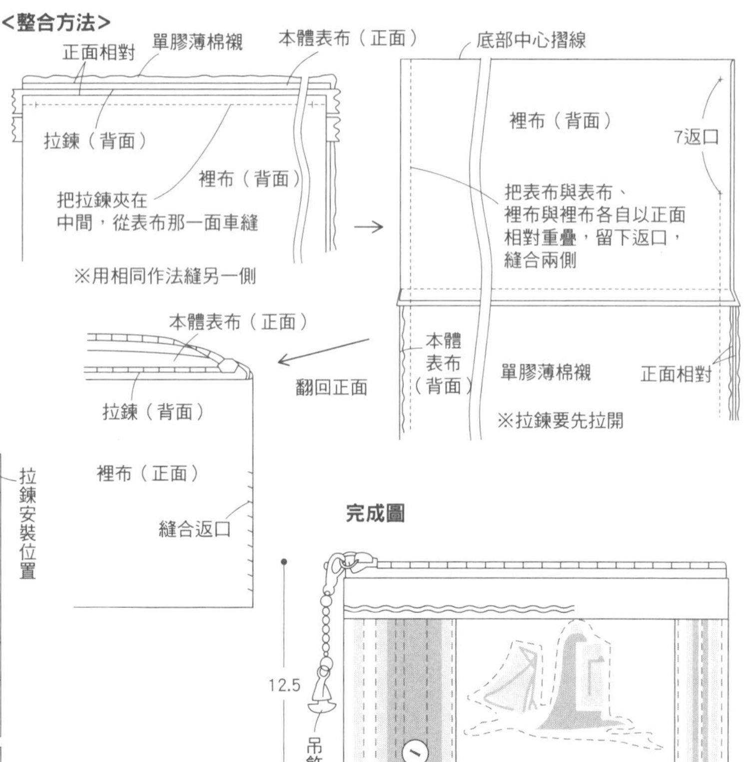

<整合方法>
正面相對
單膠薄棉襯
本體表布（正面）
拉鍊（背面）
裡布（背面）
把拉鍊夾在中間，從表布那一面車縫
※用相同作法縫另一側
底部中心摺線
裡布（背面）
7返口
把表布與表布、裡布與裡布各自以正面相對重疊，留下返口，縫合兩側
本體表布（背面）
單膠薄棉襯
正面相對
※拉鍊要先拉開
本體表布（正面）
翻回正面
拉鍊（背面）
裡布（正面）
縫合返口
完成圖
12.5
吊飾
21

▸▸▸p.15

no.8 貝殼形的小布包

●材料

拼布用布…碎布適量
裡布、單膠薄棉襯…30×30cm
處理縫分用的斜紋包邊條…2.5×30cm
拉鍊…長17cm1條
皮革飾帶…寬1×4cm
小吊飾…1個
名牌…1片

●作法 參照圖示

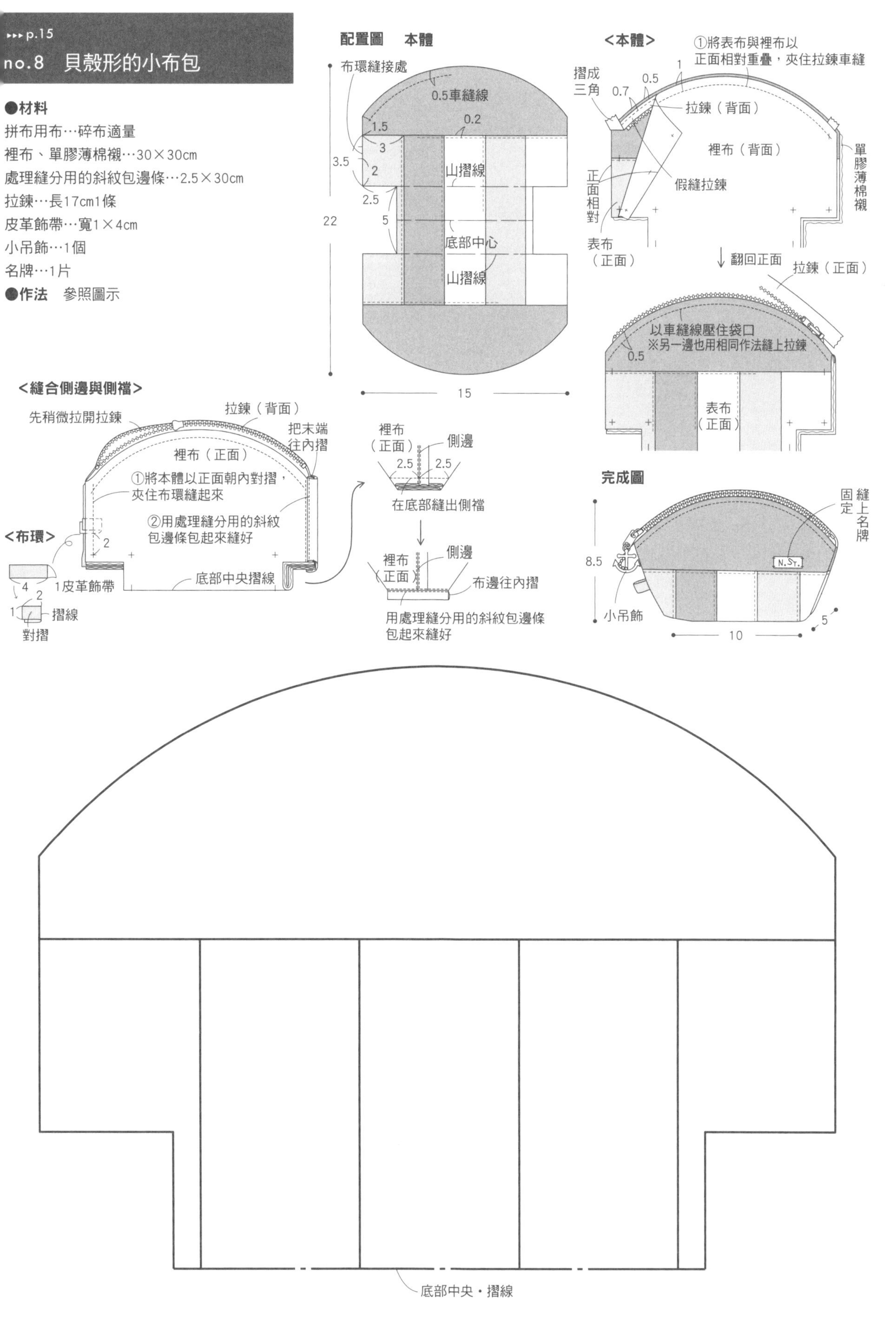

配置圖 本體
布環縫接處
0.5車縫線
0.2
1.5
3
3.5
2
2.5
5
22
山摺線
底部中心
山摺線
15
<本體>
①將表布與裡布以正面相對重疊，夾住拉鍊車縫
摺成三角
0.7
0.5
1
拉鍊（背面）
裡布（背面）
單膠薄棉襯
正面相對
假縫拉鍊
表布（正面）
翻回正面
拉鍊（正面）
以車縫線壓住袋口
※另一邊也用相同作法縫上拉鍊
0.5
表布（正面）
<縫合側邊與側檔>
先稍微拉開拉鍊
拉鍊（背面）
把末端往內摺
裡布（正面）
①將本體以正面朝內對摺，夾住布環縫起來
②用處理縫分用的斜紋包邊條包起來縫好
2
底部中央摺線
<布環>
4
1皮革飾帶
2
1
摺線
對摺
裡布（正面）
側邊
2.5
2.5
在底部縫出側檔
裡布（正面）
側邊
布邊往內摺
用處理縫分用的斜紋包邊條包起來縫好
完成圖
縫上名牌固定
N.ST.
8.5
小吊飾
10
5
底部中央・摺線

▸▸▸p.18

no.10 綴以蕾絲的扁平小布包

●材料（做1個的量）
拼布用布…碎布適量（包含後片與端布）
裡布、單膠布襯…各40×50cm
處理縫分用的斜紋包邊條…3×35cm
水波緞帶…寬0.6×25cm（僅大布包）
緞帶…寬0.9×15cm
拉鍊…長20cm（大）、長18cm（中）、長15cm（小）各1條
各種蕾絲…適量
●作法　參照圖示

配置圖
<大>
前片（後片是一片布）

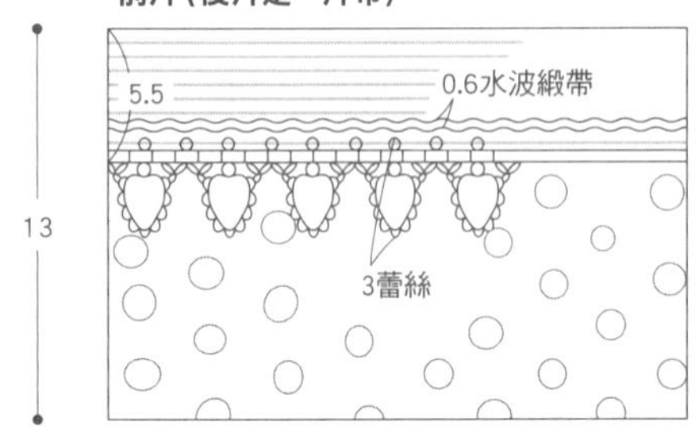
5.5
0.6水波緞帶
13
3蕾絲
20

<中>
前片（後片是一片布）

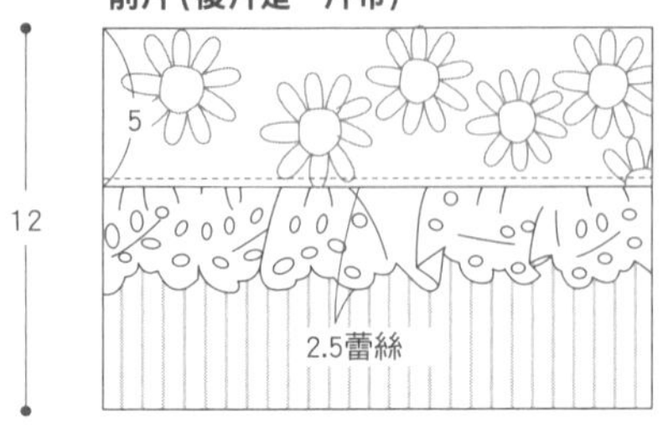
5
12
2.5蕾絲
18

<小>
前片（後片是一片布）

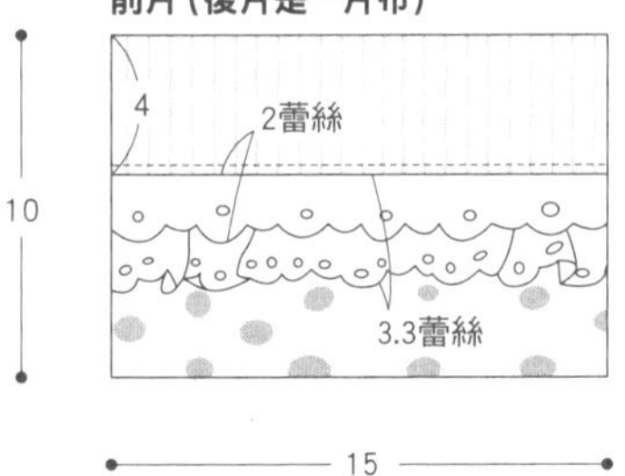
4
2蕾絲
10
3.3蕾絲
15

<拉鍊>

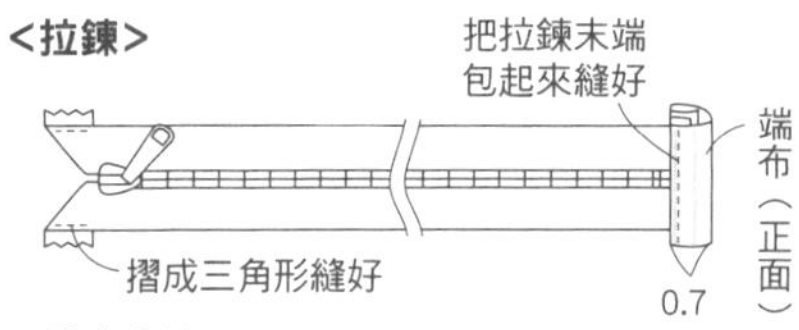
把拉鍊末端
包起來縫好
端布（正面）
摺成三角形縫好
0.7

<整合方法>

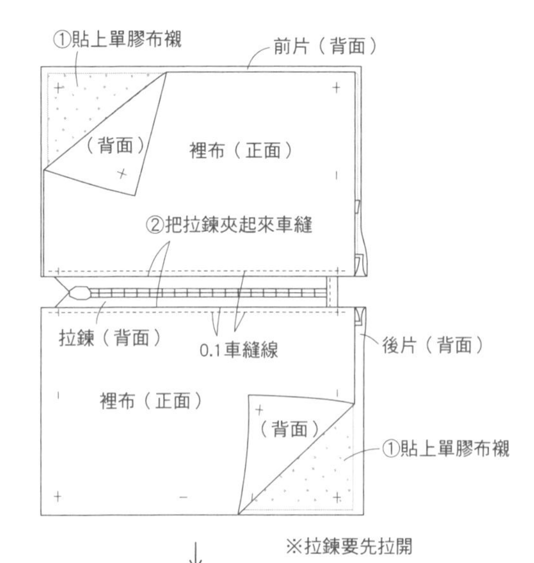
①貼上單膠布襯
前片（背面）
（背面）
裡布（正面）
②把拉鍊夾起來車縫
拉鍊（背面）
0.1車縫線
後片（背面）
裡布（正面）
（背面）
①貼上單膠布襯

※拉鍊要先拉開

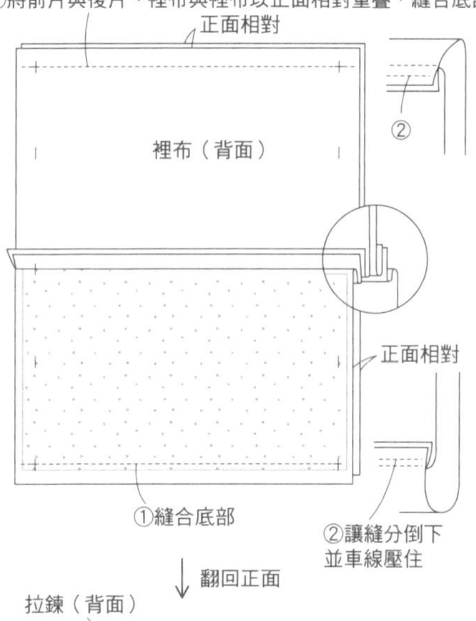
①將前片與後片、裡布與裡布以正面相對重疊，縫合底部
正面相對
裡布（背面）
②
正面相對
①縫合底部
②讓縫分倒下
並車線壓住

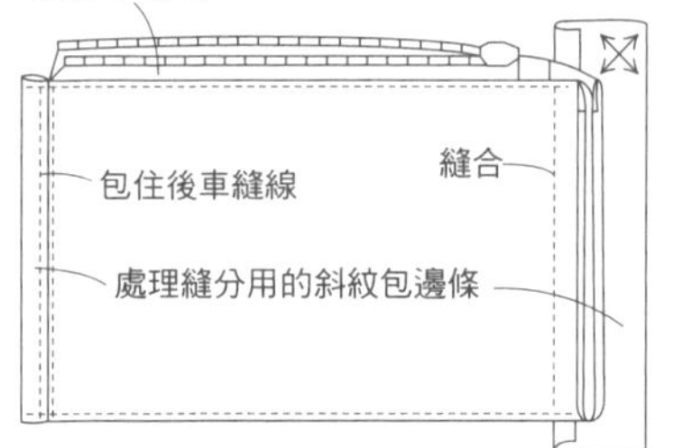
翻回正面
拉鍊（背面）
包住後車縫線
縫合
處理縫分用的斜紋包邊條

翻回正面，在拉鍊上綁緞帶

▸▸▸p.19

no.11 有大蝴蝶結的手拿布包

●材料

前、後片、緞帶A裡布…棉麻110×60cm
緞帶A、B、端布…丹寧布45×40cm
裡布、墊布、雙膠棉襯…各60×50cm
緞帶…寬1×15cm
拉鍊…長32cm1條
25號繡線、單膠布襯…各適量

●作法 參照圖示

配置圖 前、後片 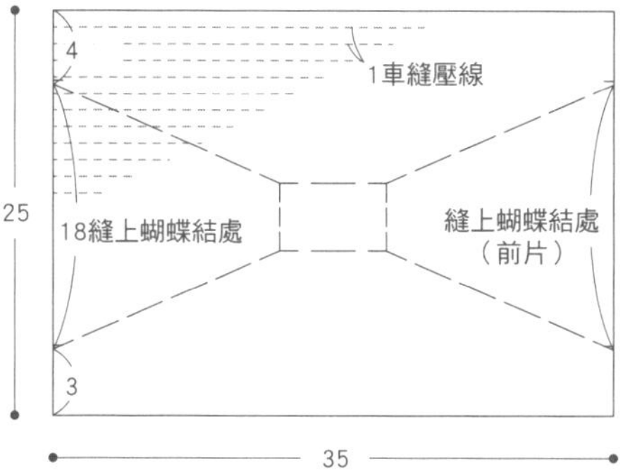
1車縫壓線
4
25
18縫上蝴蝶結處
縫上蝴蝶結處（前片）
3
35
緞帶B 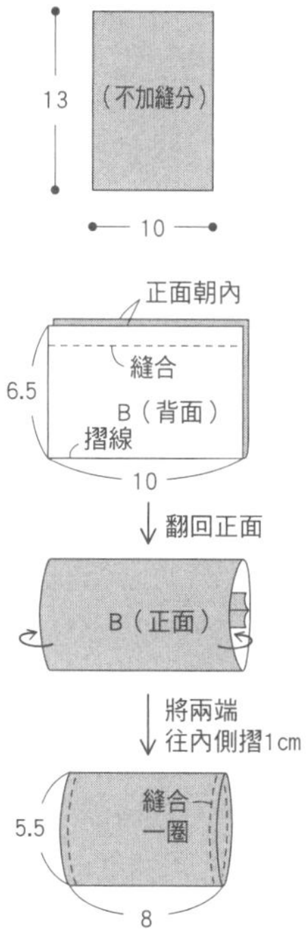
13
（不加縫分）
10
正面朝內
縫合
6.5
B（背面）
摺線
10
翻回正面
B（正面）
將兩端往內側摺1cm
縫合一圈
5.5
8
緞帶A 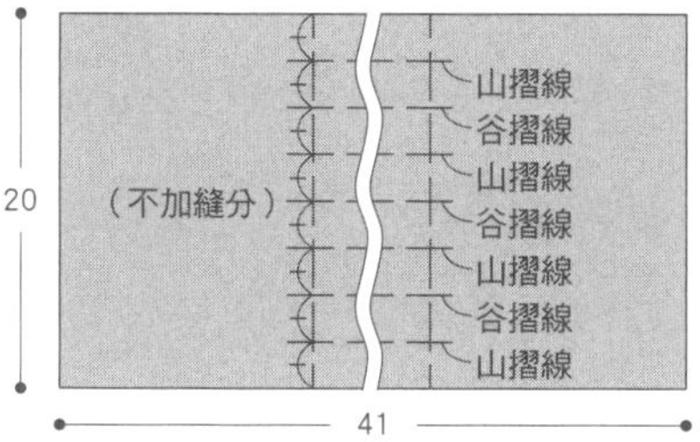
20
（不加縫分）
山摺線
谷摺線
山摺線
谷摺線
山摺線
谷摺線
山摺線
41
<緞帶> 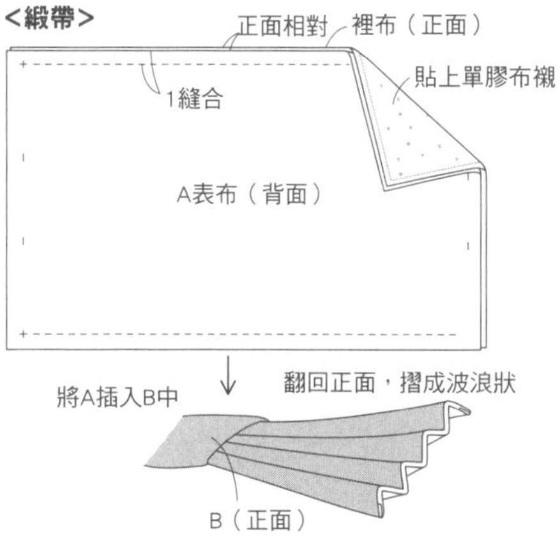
正面相對
裡布（正面）
貼上單膠布襯
1縫合
A表布（背面）
將A插入B中
翻回正面，摺成波浪狀
B（正面）
<整合方法> 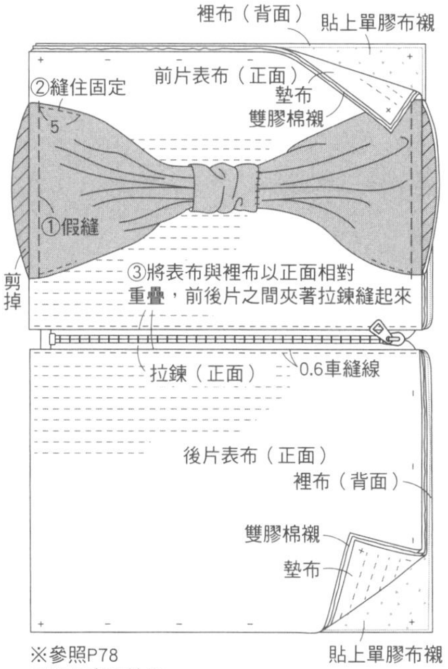
裡布（背面）
貼上單膠布襯
前片表布（正面）
墊布
雙膠棉襯
②縫住固定
5
①假縫
剪掉
③將表布與裡布以正面相對重疊，前後片之間夾著拉鍊縫起來
拉鍊（正面）
0.6車縫線
後片表布（正面）
裡布（背面）
雙膠棉襯
墊布
貼上單膠布襯
※參照P78用端布處理拉鍊 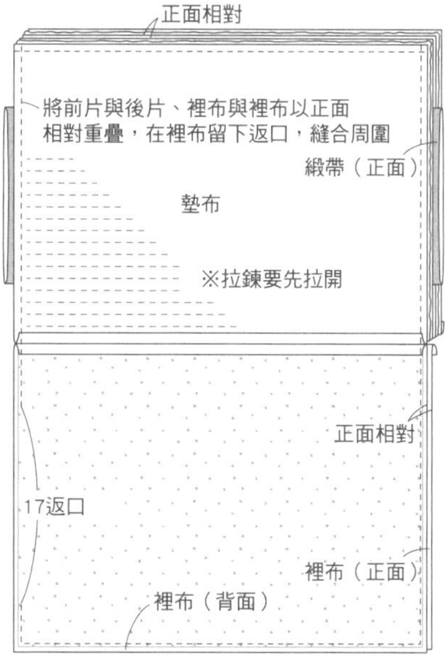
正面相對
將前片與後片、裡布與裡布以正面相對重疊，在裡布留下返口，縫合周圍
緞帶（正面）
墊布
※拉鍊要先拉開
正面相對
17返口
裡布（正面）
裡布（背面）
翻回正面，縫合返口 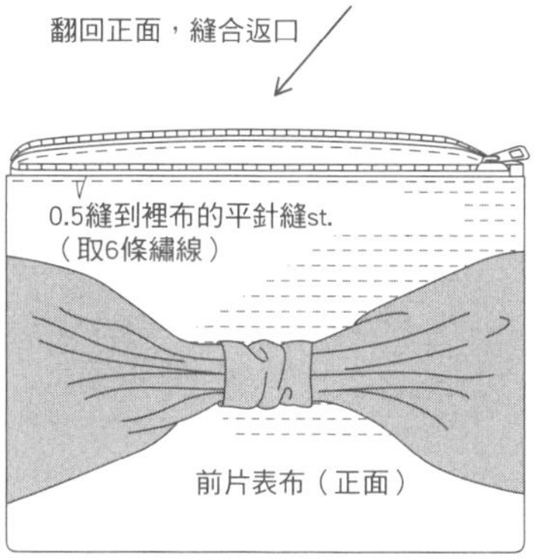
0.5縫到裡布的平針縫st.（取6條繡線）
前片表布（正面）
綁上緞帶
完成圖
25
35

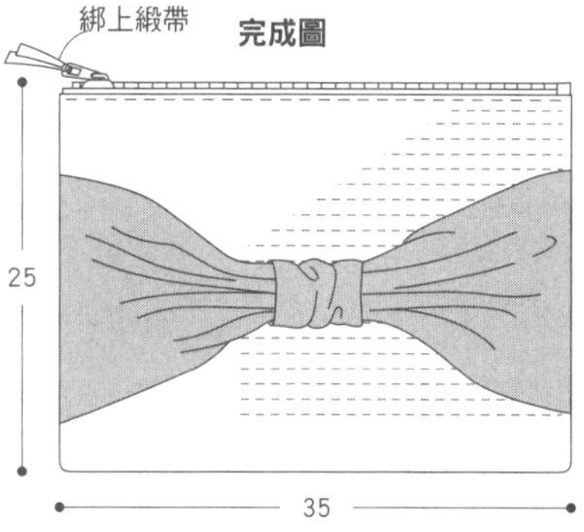

▸▸▸ p.24

no.14 圍一圈拼接側襠的小布包

●材料

拼布用布…碎布適量

上側襠、下側襠…棕色格子布40×20cm

裡布、墊布、棉襯…各50×40cm

處理縫分用的斜紋包邊條…2.5×150cm

拉鍊…長30cm1條

8號繡線…棕色適量

●作法 參照圖示

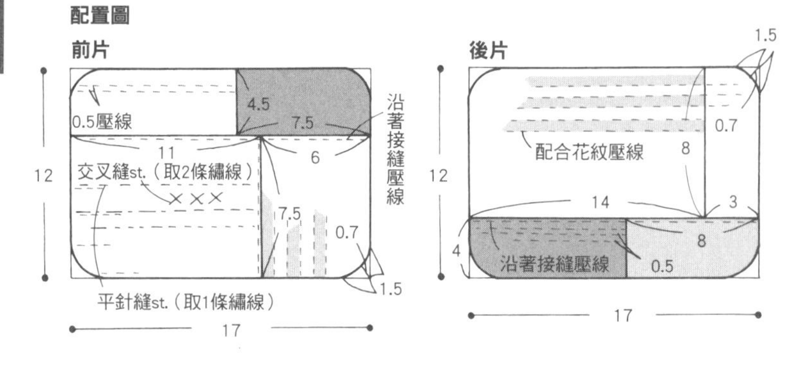

配置圖
前片
0.5壓線
4.5
7.5
沿著接縫壓線
11
6
12
交叉縫st.（取2條繡線）
×××
7.5
0.7
1.5
平針縫st.（取1條繡線）
17
後片
1.5
0.7
配合花紋壓線
8
12
14
3
4
8
沿著接縫壓線
0.5
17

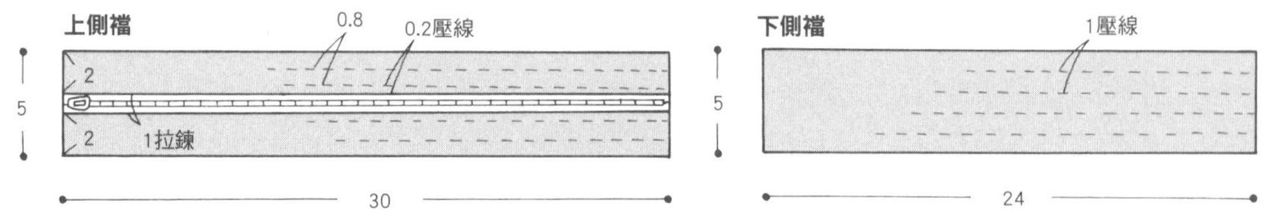

上側襠
0.8
0.2壓線
2
5
2
1拉鍊
30
下側襠
1壓線
5
24

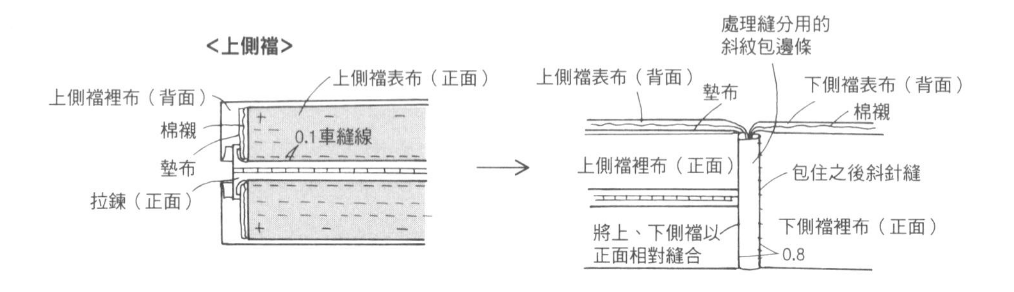

<上側襠>
上側襠表布（正面）
上側襠裡布（背面）
棉襯
0.1車縫線
墊布
拉鍊（正面）
處理縫分用的
斜紋包邊條
上側襠表布（背面）
墊布
下側襠表布（背面）
棉襯
上側襠裡布（正面）
包住之後斜針縫
將上、下側襠以
正面相對縫合
下側襠裡布（正面）
0.8

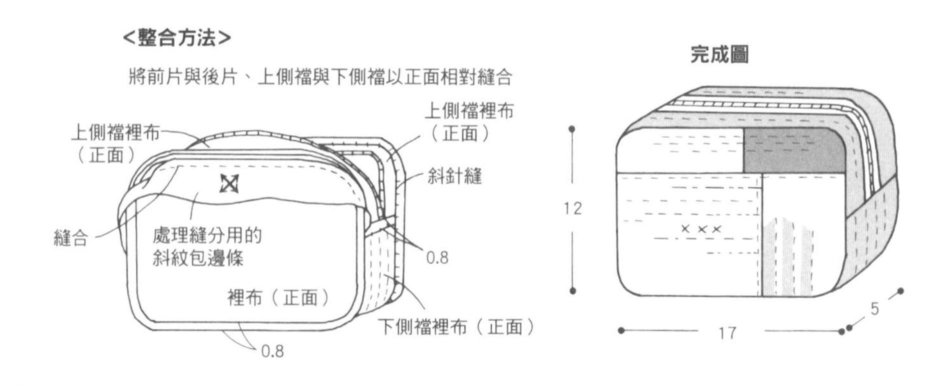

<整合方法>
將前片與後片、上側襠與下側襠以正面相對縫合
上側襠裡布
（正面）
上側襠裡布
（正面）
斜針縫
縫合
處理縫分用的
斜紋包邊條
0.8
裡布（正面）
下側襠裡布（正面）
0.8
完成圖
12
×××
5
17

no.1 像氣球的圓滾滾束口袋

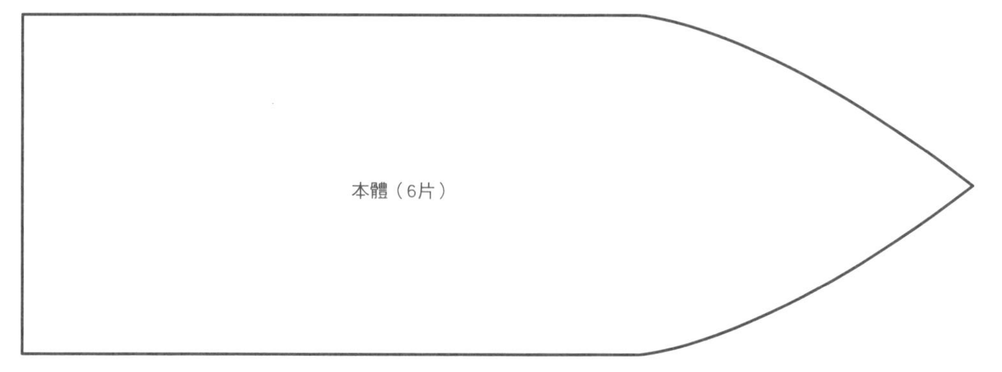

本體（6片）

▸▸▸p.25

no.15 像牛奶糖包裝的小布包

●**材料**

本體…印花布50×40cm

裡布、單膠棉襯…各50×45cm

緞帶…寬1.5×20cm

拉鍊…長30cm1條

●**作法** 參照圖示

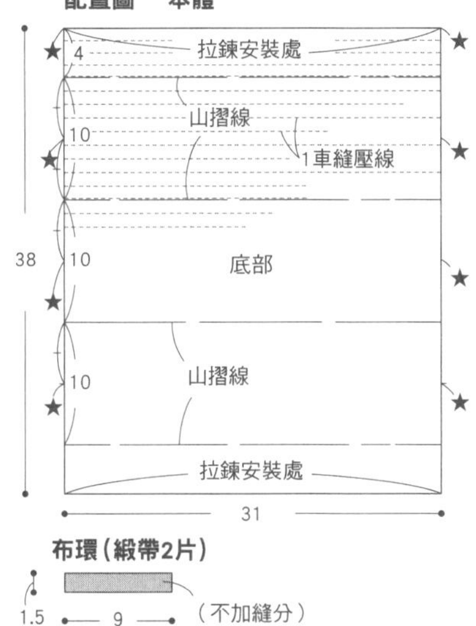

配置圖 本體
拉鍊安裝處
山摺線
1車縫壓線
底部
山摺線
拉鍊安裝處
4
10
10
10
38
31
布環（緞帶2片）
1.5
9
（不加縫分）

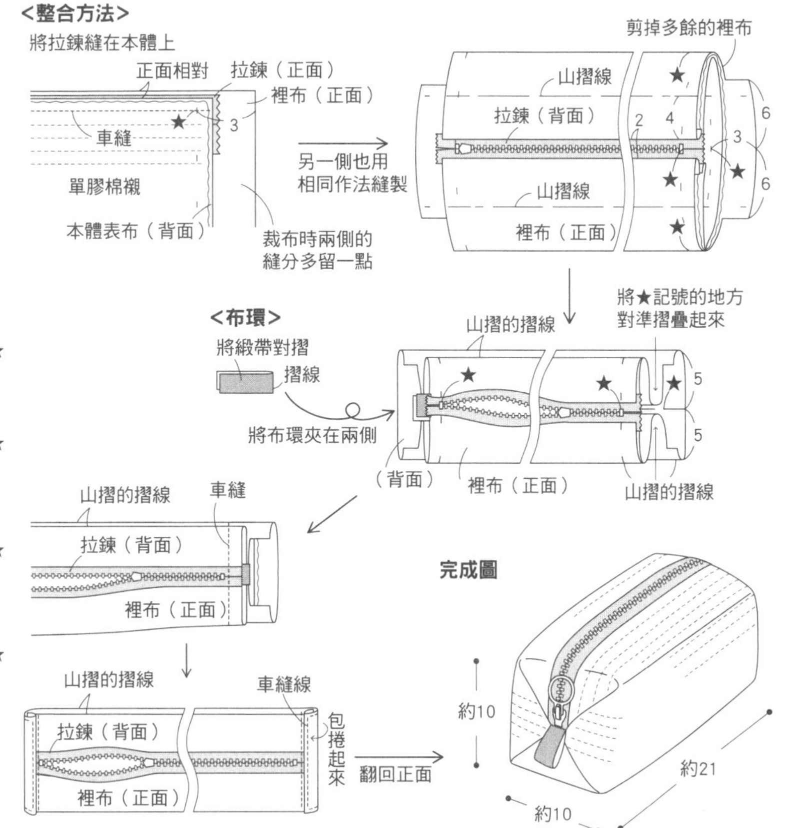

<整合方法>
將拉鍊縫在本體上
正面相對
拉鍊（正面）
裡布（正面）
車縫
3
單膠棉襯
本體表布（背面）
裁布時兩側的
縫分多留一點
另一側也用
相同作法縫製
剪掉多餘的裡布
山摺線
拉鍊（背面）
山摺線
裡布（正面）
2
4
6
3
6
<布環>
將緞帶對摺
摺線
將布環夾在兩側
山摺的摺線
將★記號的地方
對準摺疊起來
5
5
（背面）
裡布（正面）
山摺的摺線
山摺的摺線
車縫
拉鍊（背面）
裡布（正面）
山摺的摺線
車縫線
拉鍊（背面）
裡布（正面）
包捲起來
翻回正面
完成圖
約10
約21
約10

▸▸▸p.32

no.20 也能變成單肩包的兩用小布包

●**材料**

本體…素色布25×25cm、碎布適量

裡布、棉襯…各40×30cm

拉鍊…長20cm1條

緞帶…寬2×70cm、D形環…內徑1cm2個

附問號鉤的側背帶…1條

●**作法** 參照圖示

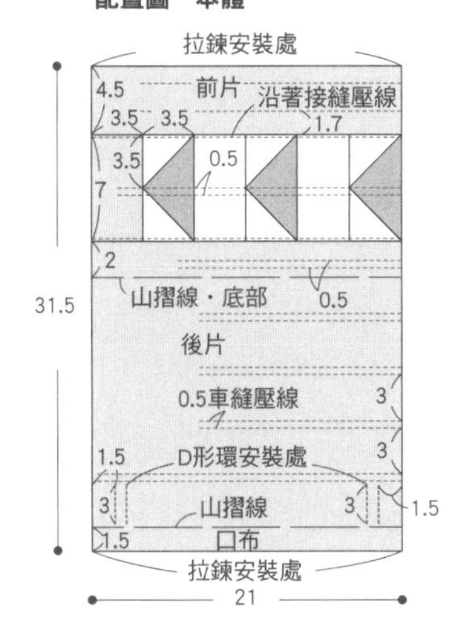

配置圖 本體
拉鍊安裝處
4.5
前片
沿著接縫壓線
3.5
3.5
1.7
3.5
0.5
7
2
山摺線・底部
0.5
31.5
後片
0.5車縫壓線
3
1.5
D形環安裝處
3
3
山摺線
3
1.5
1.5
口布
拉鍊安裝處
21

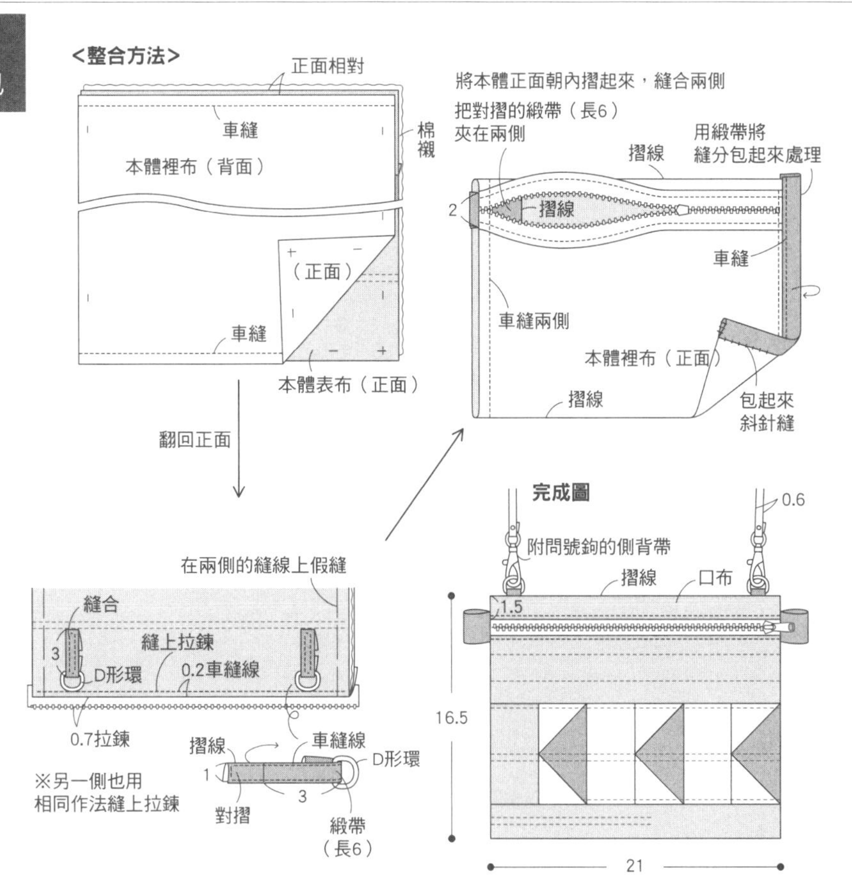

<整合方法>
正面相對
車縫
棉襯
本體裡布（背面）
（正面）
車縫
本體表布（正面）
翻回正面
在兩側的縫線上假縫
縫合
縫上拉鍊
3
D形環
0.2車縫線
0.7拉鍊
※另一側也用
相同作法縫上拉鍊
摺線
車縫線
D形環
1
3
對摺
緞帶
（長6）
將本體正面朝內摺起來，縫合兩側
把對摺的緞帶（長6）
夾在兩側
摺線
用緞帶將
縫分包起來處理
2
摺線
車縫
車縫兩側
本體裡布（正面）
摺線
包起來
斜針縫
完成圖
0.6
附問號鉤的側背帶
摺線
口布
1.5
16.5
21

▸▸▸ p.26

no.16 附口袋的迷你包

●材料

前、後片、口袋、布環…橫條紋布35×20cm
內袋、棉襯…各25×15cm
包邊條（斜紋）…4×30cm
拉鍊…長10cm1條
D形環…內徑1.2cm1個
附問號鉤的吊環…1條
單膠布襯…適量

●作法 參照圖示

配置圖

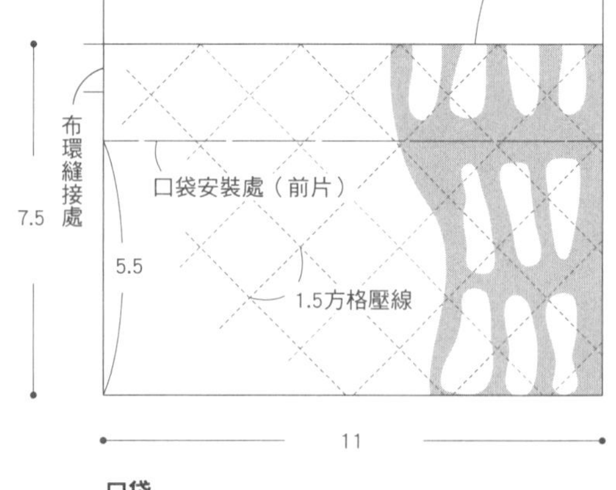
前、後片（內袋為同尺寸2片）
1包邊
布環縫接處
7.5
5.5
口袋安裝處（前片）
1.5方格壓線
11

布環（2片）
（不加縫分）
5
4

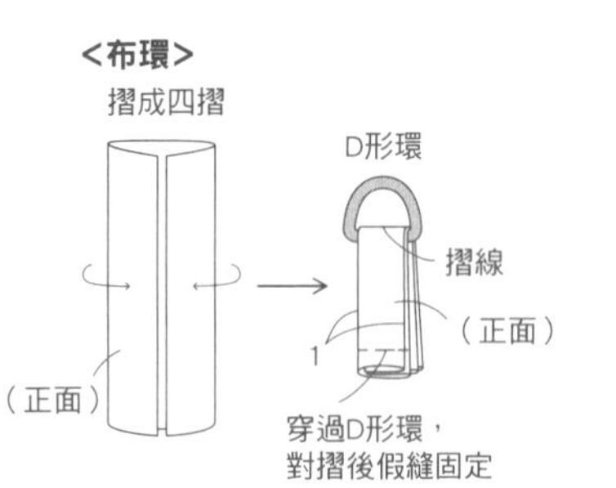
<布環>
摺成四摺
（正面）
D形環
摺線
（正面）
1
穿過D形環，
對摺後假縫固定

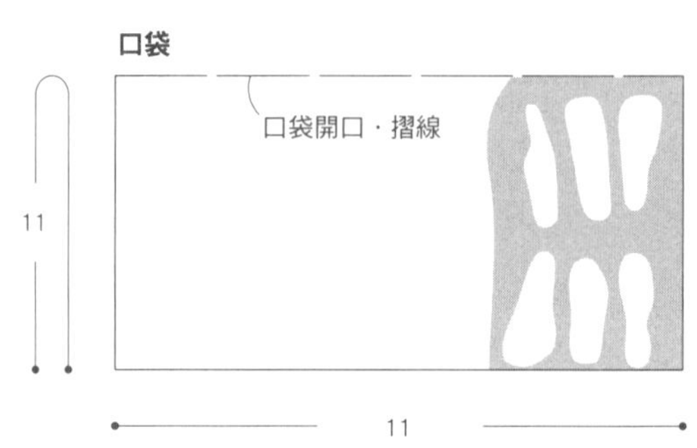
口袋
口袋開口・摺線
11
11

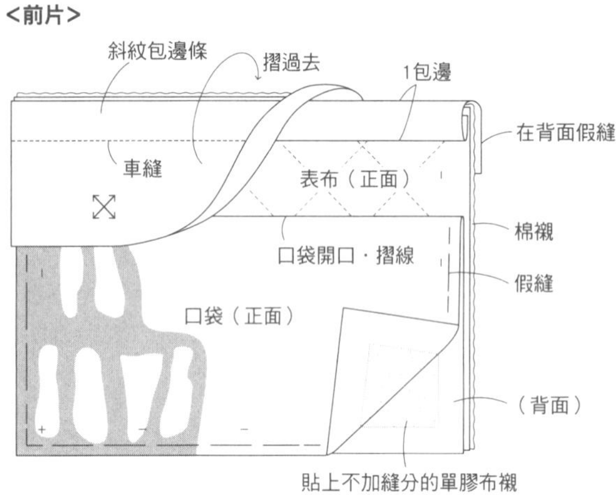
<前片>
斜紋包邊條
摺過去
1包邊
在背面假縫
車縫
表布（正面）
棉襯
口袋開口・摺線
假縫
口袋（正面）
（背面）
貼上不加縫分的單膠布襯

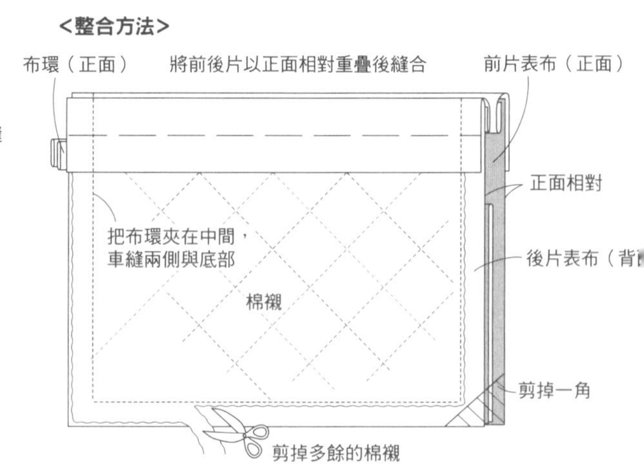
<整合方法>
布環（正面）
將前後片以正面相對重疊後縫合
前片表布（正面）
正面相對
把布環夾在中間，
車縫兩側與底部
後片表布（背
棉襯
剪掉一角
剪掉多餘的棉襯

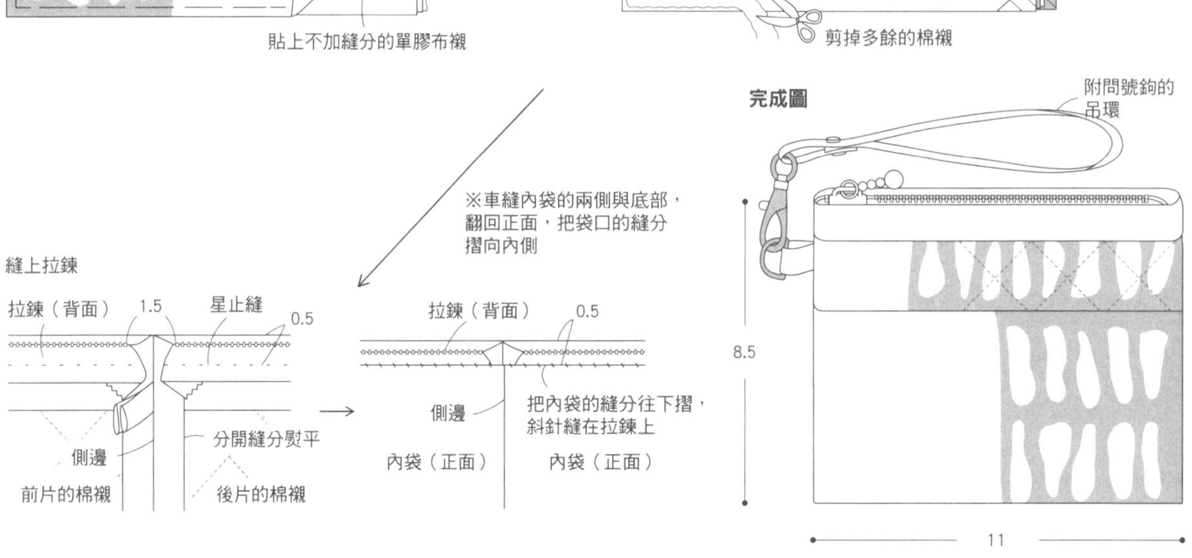
完成圖
附問號鉤的
吊環
8.5
11
※車縫內袋的兩側與底部，
翻回正面，把袋口的縫分
摺向內側
縫上拉鍊
拉鍊（背面）
1.5
星止縫
0.5
側邊
分開縫分熨平
前片的棉襯
後片的棉襯
拉鍊（背面）
0.5
側邊
把內袋的縫分往下摺，
斜針縫在拉鍊上
內袋（正面）
內袋（正面）

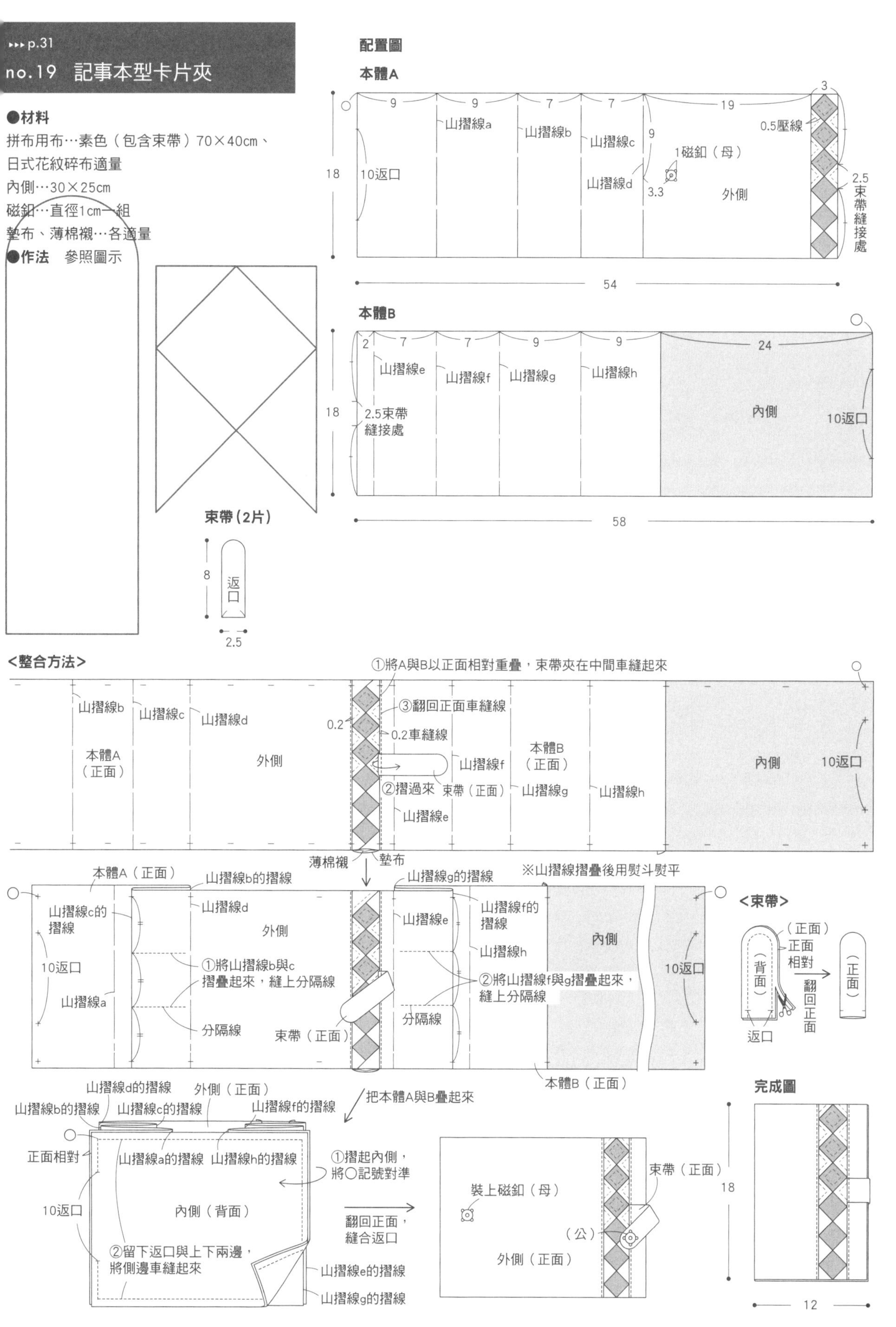

▸▸▸p.31
no.19 記事本型卡片夾
●材料
拼布用布…素色（包含束帶）70×40cm、
日式花紋碎布適量
內側…30×25cm
磁釦…直徑1cm一組
墊布、薄棉襯…各適量
●作法 參照圖示
配置圖
本體A
9
9
7
7
19
3
山摺線a
山摺線b
山摺線c
山摺線d
0.5壓線
1磁釦（母）
3.3
外側
18
10返口
2.5
束帶縫接處
54
本體B
2
7
7
9
9
24
山摺線e
山摺線f
山摺線g
山摺線h
2.5束帶
縫接處
內側
10返口
18
58
束帶（2片）
8
返口
2.5
<整合方法>
①將A與B以正面相對重疊，束帶夾在中間車縫起來
③翻回正面車縫線
0.2
0.2車縫線
本體A
（正面）
外側
②摺過來
束帶（正面）
本體B
（正面）
內側
10返口
薄棉襯
墊布
本體A（正面）
山摺線b的摺線
山摺線g的摺線
※山摺線摺疊後用熨斗熨平
山摺線c的
摺線
山摺線f的
摺線
①將山摺線b與c
摺疊起來，縫上分隔線
分隔線
②將山摺線f與g摺疊起來，
縫上分隔線
束帶（正面）
本體B（正面）
<束帶>
（正面）
正面
相對
（背面）
翻回正面
返口
（正面）
山摺線d的摺線
外側（正面）
山摺線b的摺線
山摺線c的摺線
山摺線f的摺線
把本體A與B疊起來
正面相對
山摺線a的摺線
山摺線h的摺線
①摺起內側，
將○記號對準
內側（背面）
翻回正面，
縫合返口
②留下返口與上下兩邊，
將側邊車縫起來
山摺線e的摺線
山摺線g的摺線
裝上磁釦（母）
束帶（正面）
（公）
外側（正面）
完成圖
18
12

▸▸▸ p.33

no.21 可自行站立的筆袋

●材料

拼布與布貼用布…碎布適量（包含側檔與底部）
裡布、單膠棉襯…35×20cm
包邊條（斜紋）…3.5×60cm
織帶…寬2.5×6cm、寬2×11cm、寬1×20cm
鈕釦…直徑0.7cm4個
拉鍊…長25cm1條
單膠布襯、單膠厚布襯…各適量

●作法　參照圖示

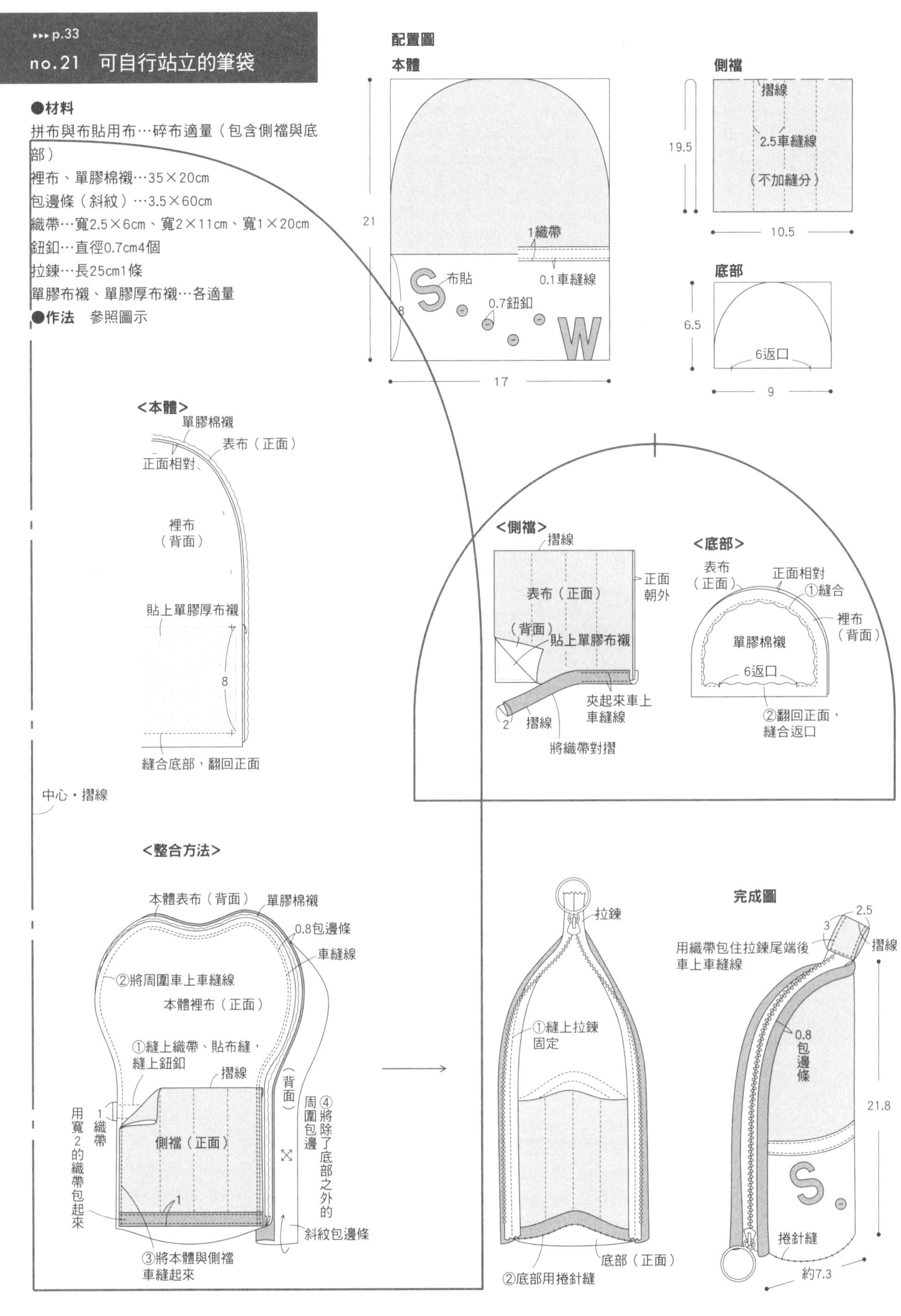

配置圖
本體
21
8
17
1織帶
0.1車縫線
布貼
0.7鈕釦
側檔
摺線
2.5車縫線
（不加縫分）
19.5
10.5
底部
6.5
6返口
9
<本體>
單膠棉襯
表布（正面）
正面相對
裡布
（背面）
貼上單膠厚布襯
8
縫合底部，翻回正面
中心・摺線
<側檔>
摺線
表布（正面）
正面
朝外
（背面）
貼上單膠布襯
夾起來車上
車縫線
2
摺線
將織帶對摺
<底部>
表布
（正面）
正面相對
①縫合
裡布
（背面）
單膠棉襯
6返口
②翻回正面，
縫合返口
<整合方法>
本體表布（背面）
單膠棉襯
0.8包邊條
車縫線
②將周圍車上車縫線
本體裡布（正面）
①縫上織帶、貼布縫，
縫上鈕釦
摺線
（背面）
④將除了底部之外的周圍包邊
1
織帶
用寬2的織帶包起來
側檔（正面）
1
斜紋包邊條
③將本體與側檔
車縫起來
拉鍊
①縫上拉鍊
固定
②底部用捲針縫
底部（正面）
完成圖
2.5
3
用織帶包住拉鍊尾端後
車上車縫線
摺線
0.8
包
邊
條
21.8
捲針縫
約7.3

▸▸▸ p.36

no.23 六邊形的對摺小布包

●材料

拼布、布貼用布…紅色印花布35×30cm、碎布適量
內側…無漂白的紅條紋布35×30cm
內側口袋a、b…米色麻布40×15cm
裡布、棉襯…各35×30cm
緞帶…寬0.7×95cm
鈕釦…直徑2.6cm1個、直徑2cm2個
拉鍊…長20cm1條
魔鬼氈…適量

●作法

①參照配置圖縫好拼布與布貼，做成本體表布。
②把棉襯疊在①上壓線。
③縫上拉鍊，製作內側。
④參照圖示，把內側口袋b縫在內側口袋a上，再縫在③上。
⑤將本體與內側以正面相對重疊，並在上下的中央夾住對摺的緞帶，如圖所示疊上裡布，留下返口，縫合周圍。
⑥將⑤翻回正面，縫合返口，把鈕釦縫在緞帶上。

配置圖

本體

布貼
2
3
壓線
沿著接縫壓線
26
山摺線
21

內側

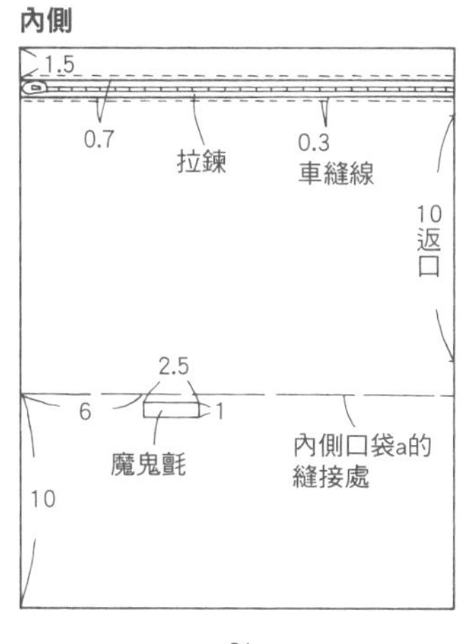

1.5
0.7
拉鍊
0.3
車縫線
10
返口
26
2.5
6
1
魔鬼氈
內側口袋a的縫接處
10
21

內側口袋a

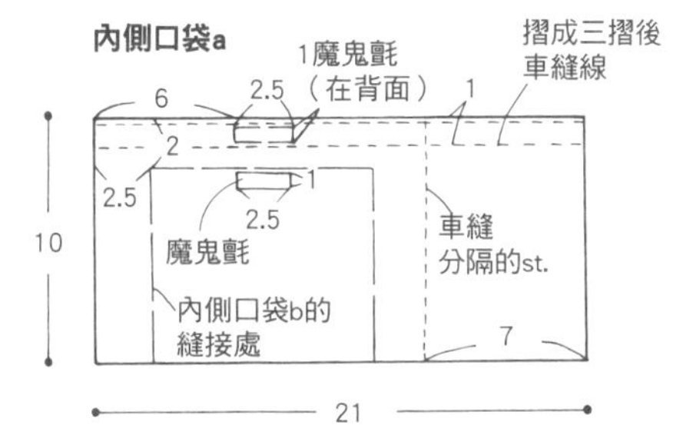

6
2.5
1魔鬼氈
（在背面）
1
摺成三摺後車縫線
2
2.5
1
2.5
10
魔鬼氈
車縫分隔的st.
內側口袋b的縫接處
7
21

內側口袋b

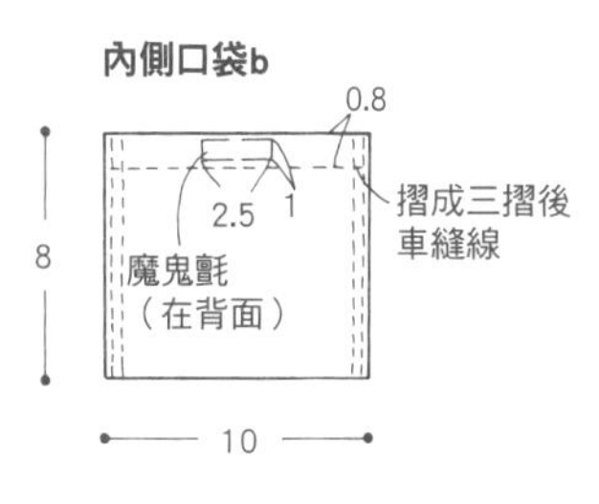

0.8
8
2.5
1
摺成三摺後車縫線
魔鬼氈
（在背面）
10

<整合方法>

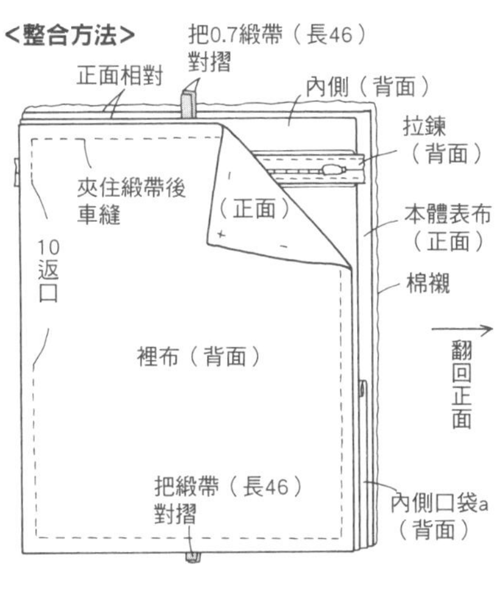

把0.7緞帶（長46）對摺
正面相對
內側（背面）
拉鍊
（背面）
夾住緞帶後車縫
（正面）
本體表布
（正面）
10
返口
棉襯
裡布（背面）
翻回正面
把緞帶（長46）對摺
內側口袋a
（背面）

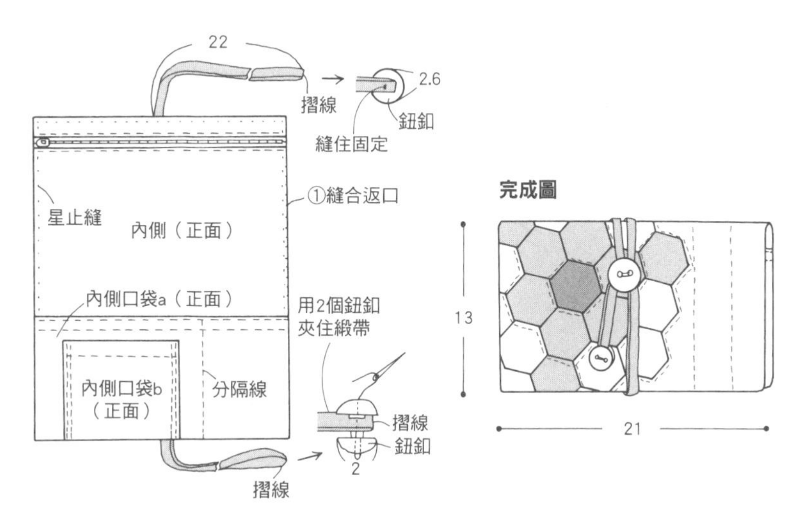

22
摺線
2.6
縫住固定
鈕釦
①縫合返口
星止縫
內側（正面）
內側口袋a（正面）
用2個鈕釦夾住緞帶
內側口袋b
（正面）
分隔線
摺線
鈕釦
2
摺線
完成圖
13
21

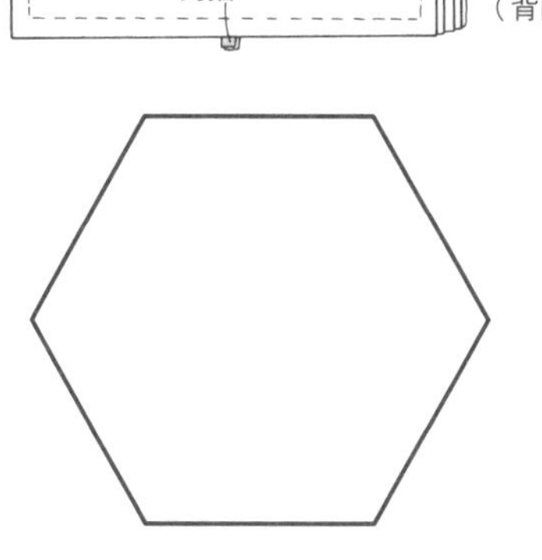

▸▸▸ p.38

no.25 外形雖小容量超大的大側襠小布包

●材料

拼布用布…水藍底色的印花布（包含側襠、口布、扣帶）50×40cm、碎布適量

裡布（包含貼邊）、單膠棉襯…各75×40cm

包邊條（斜紋）…水藍底色的印花布4×40cm

磁釦…直徑1cm一組

拉鍊…長16cm1條

●作法

①縫接拼布，做成本體表布。

②將本體、口布、兩片側襠表布分別與單膠棉襯和裡布相疊後壓線。

③裁布時將本體與口布裡布的縫分多留一點。把本體與側襠以正面相對重疊，從★縫到★，並處理縫分。

④將拉鍊縫在口布上。

⑤如圖所示，將本體與口布縫在一起，處理縫分。

⑥製作扣帶，夾在扣帶縫接處，進行包邊。

⑦把磁釦縫在本體與扣帶上。

●原寸紙型 P111

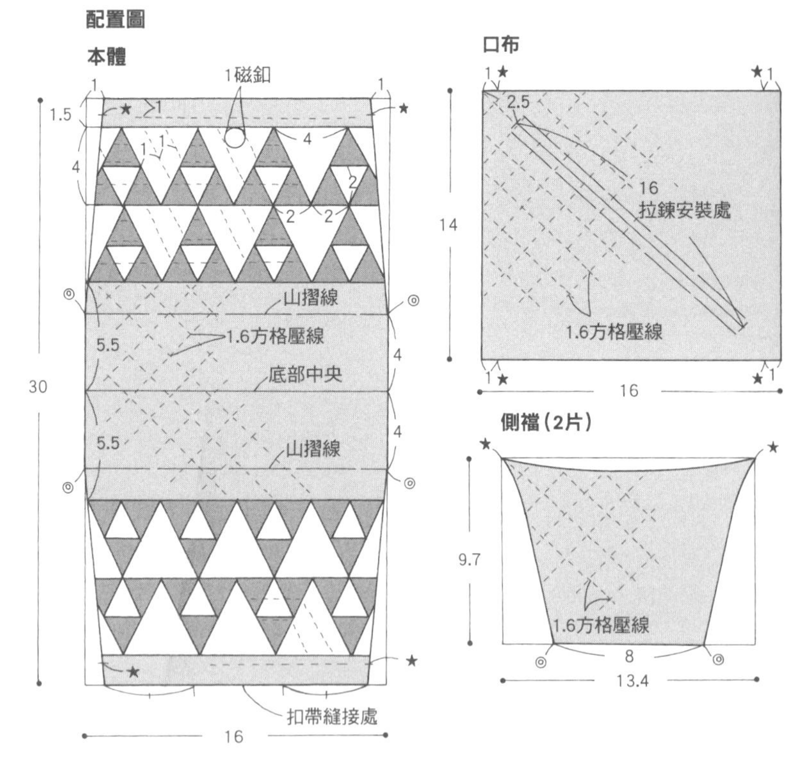
配置圖
本體
1磁釦
1.5
4
1
2
山摺線
1.6方格壓線
5.5
底部中央
30
山摺線
扣帶縫接處
16
口布
2.5
16
拉鍊安裝處
14
1.6方格壓線
16
側襠（2片）
9.7
1.6方格壓線
8
13.4

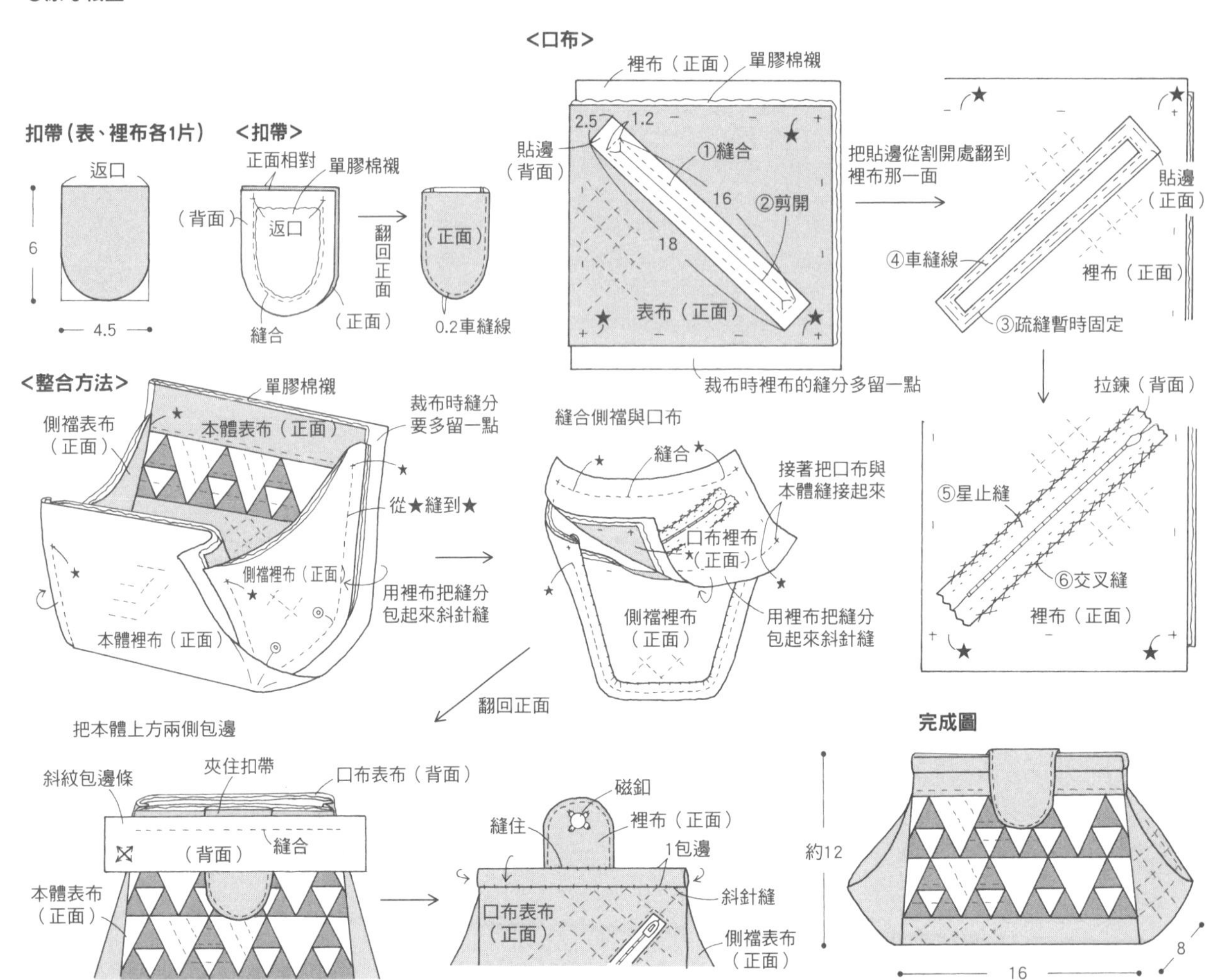
扣帶（表、裡布各1片）
返口
6
4.5
<扣帶>
正面相對
單膠棉襯
（背面）
返口
縫合
（正面）
翻回正面
（正面）
0.2車縫線
<口布>
裡布（正面）
單膠棉襯
貼邊（背面）
2.5
1.2
①縫合
16
②剪開
18
表布（正面）
裁布時裡布的縫分多留一點
把貼邊從割開處翻到裡布那一面
貼邊（正面）
④車縫線
裡布（正面）
③疏縫暫時固定
拉鍊（背面）
⑤星止縫
⑥交叉縫
裡布（正面）
<整合方法>
單膠棉襯
側襠表布（正面）
本體表布（正面）
裁布時縫分要多留一點
從★縫到★
側襠裡布（正面）
用裡布把縫分包起來斜針縫
本體裡布（正面）
縫合側襠與口布
縫合
接著把口布與本體縫接起來
口布裡布（正面）
側襠裡布（正面）
用裡布把縫分包起來斜針縫
翻回正面
把本體上方兩側包邊
夾住扣帶
斜紋包邊條
口布表布（背面）
（背面）
縫合
本體表布（正面）
磁釦
縫住
裡布（正面）
1包邊
斜針縫
口布表布（正面）
側襠表布（正面）
完成圖
約12
16
8

▸▸▸p.39

no.26 開口很大的支架口金小布包

●材料

拼布用布…碎布適量（包含穿過支架的布）

底部、端布…厚布40×20cm

內袋、內側口袋…90×35cm

棉襯、單膠布襯…各50×40cm

雙開拉鍊…長40cm1條

支架口金…寬18×高6cm一組

●作法　參照圖示

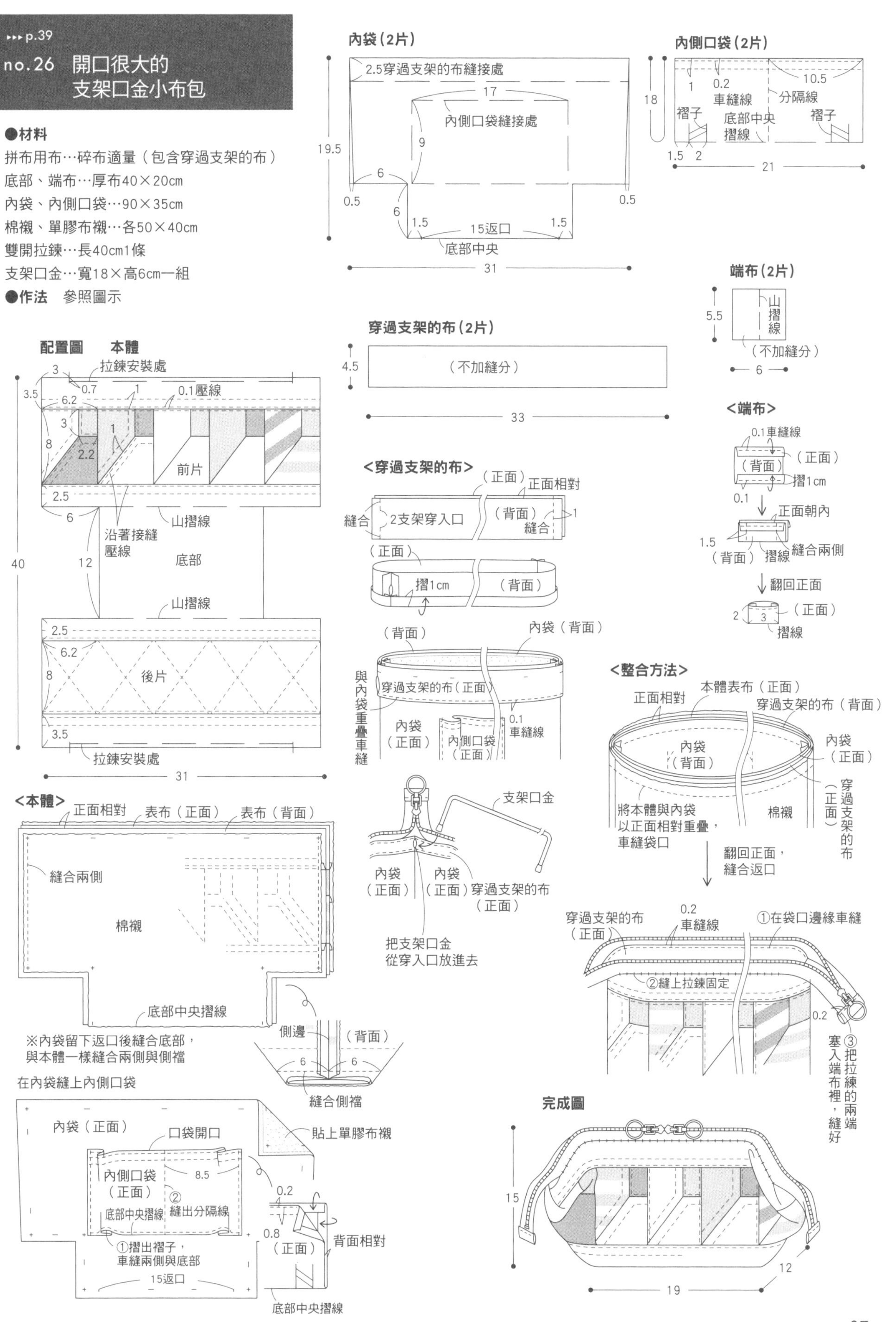

內袋（2片）
2.5穿過支架的布縫接處
17
內側口袋縫接處
9
19.5
6
0.5
6
1.5
15返口
1.5
0.5
底部中央
31
內側口袋（2片）
1
0.2
車縫線
10.5
分隔線
18
褶子
底部中央
褶線
褶子
1.5
2
21
端布（2片）
5.5
山摺線
（不加縫分）
6
穿過支架的布（2片）
4.5
（不加縫分）
33
<端布>
0.1車縫線
（正面）
（背面）
摺1cm
0.1
正面朝內
1.5
（背面）
摺線
縫合兩側
翻回正面
2
3
（正面）
摺線
配置圖　本體
3
拉鍊安裝處
0.7
3.5
6.2
1
0.1壓線
3
1
8
2.2
前片
2.5
6
山摺線
沿著接縫壓線
40
12
底部
山摺線
2.5
6.2
8
後片
3.5
拉鍊安裝處
31
<穿過支架的布>
（正面）
正面相對
縫合
2支架穿入口
（背面）
縫合
1
（正面）
摺1cm
（背面）
（背面）
內袋（背面）
與內袋重疊車縫
穿過支架的布（正面）
內袋（正面）
內側口袋（正面）
0.1車縫線
支架口金
內袋（正面）
內袋（正面）
穿過支架的布（正面）
把支架口金從穿入口放進去
<整合方法>
本體表布（正面）
正面相對
穿過支架的布（背面）
內袋（背面）
內袋（正面）
穿過支架的布（正面）
將本體與內袋以正面相對重疊，車縫袋口
棉襯
翻回正面，縫合返口
穿過支架的布（正面）
0.2車縫線
①在袋口邊緣車縫
②縫上拉鍊固定
0.2
③把拉練的兩端塞入端布裡，縫好
<本體>
正面相對
表布（正面）
表布（背面）
縫合兩側
棉襯
底部中央摺線
※內袋留下返口後縫合底部，與本體一樣縫合兩側與側襠
側邊
（背面）
6
6
縫合側襠
在內袋縫上內側口袋
內袋（正面）
口袋開口
貼上單膠布襯
內側口袋（正面）
8.5
②縫出分隔線
底部中央摺線
①摺出褶子，車縫兩側與底部
15返口
0.2
0.8
（正面）
背面相對
底部中央摺線
完成圖
15
12
19

▸▸▸ p.42

no.29 側襠超大的口金包

●材料

底布…印花布40×20cm
側襠…素色布40×20cm
布貼用布…碎布適量
內袋、單膠棉襯…各40×30cm
珠頭口金…寬12.5×高6cm1個

●作法 參照圖示

●原寸紙型 P89

配置圖

本體（內袋也是相同尺寸，各2片）

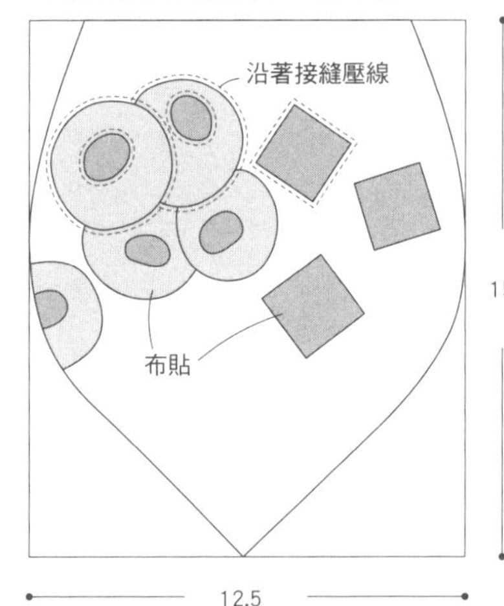
沿著接縫壓線
布貼
15
12.5

側襠（內袋也是相同尺寸，各2片）

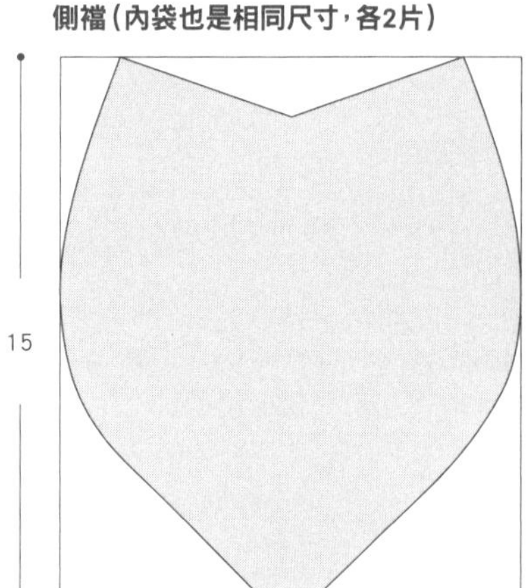
12.5

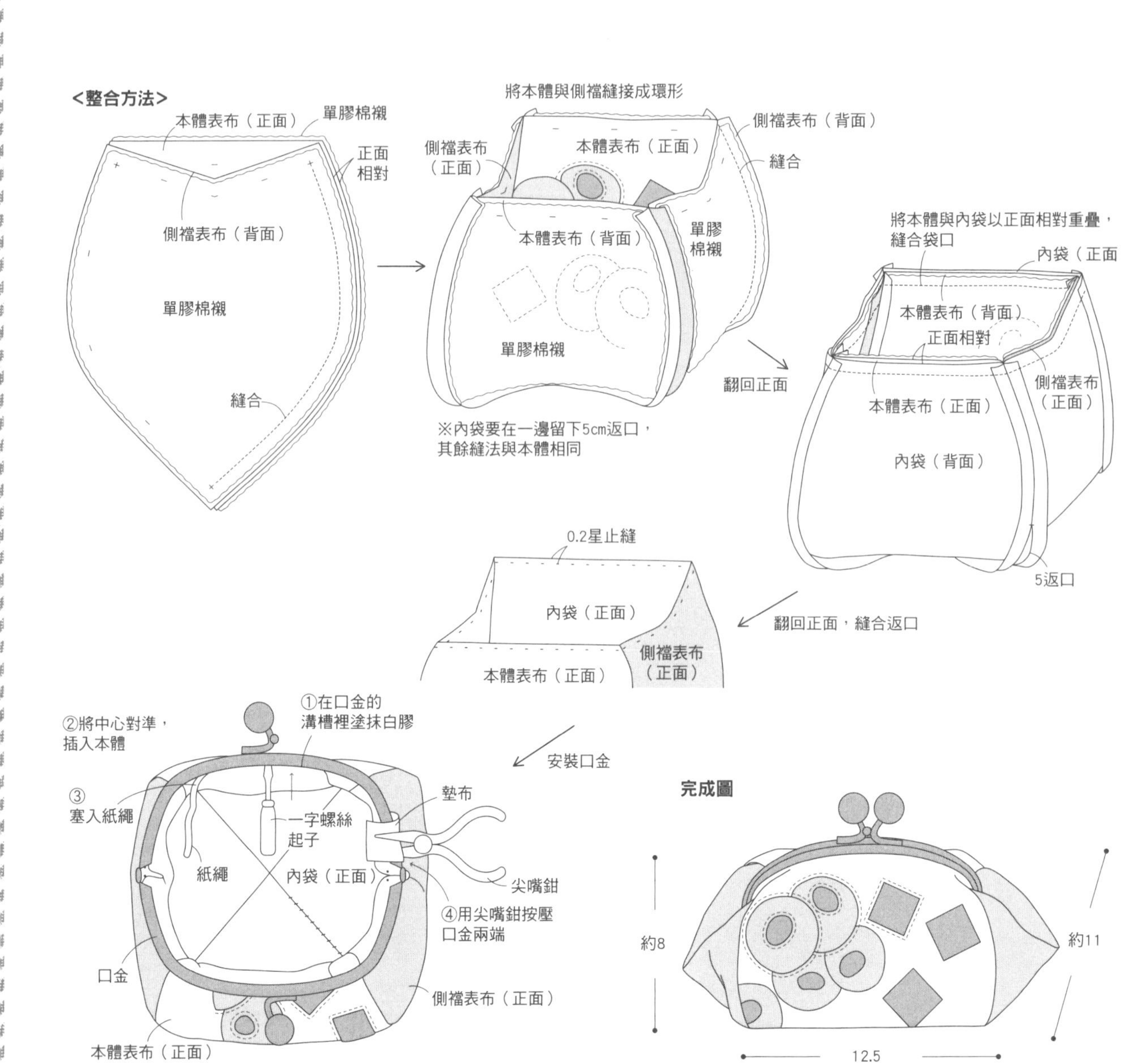
<整合方法>
本體表布（正面）
單膠棉襯
正面相對
側襠表布（背面）
單膠棉襯
縫合
將本體與側襠縫接成環形
側襠表布（正面）
本體表布（正面）
側襠表布（背面）
縫合
本體表布（背面）
單膠棉襯
單膠棉襯
※內袋要在一邊留下5cm返口，其餘縫法與本體相同
翻回正面
將本體與內袋以正面相對重疊，縫合袋口
內袋（正面
本體表布（背面）
正面相對
側襠表布（正面）
本體表布（正面）
內袋（背面）
5返口
0.2星止縫
內袋（正面）
本體表布（正面）
側襠表布（正面）
翻回正面，縫合返口
安裝口金
②將中心對準，插入本體
①在口金的溝槽裡塗抹白膠
③塞入紙繩
墊布
一字螺絲起子
紙繩
內袋（正面）
尖嘴鉗
④用尖嘴鉗按壓口金兩端
口金
側襠表布（正面）
本體表布（正面）
完成圖
約8
約11
12.5

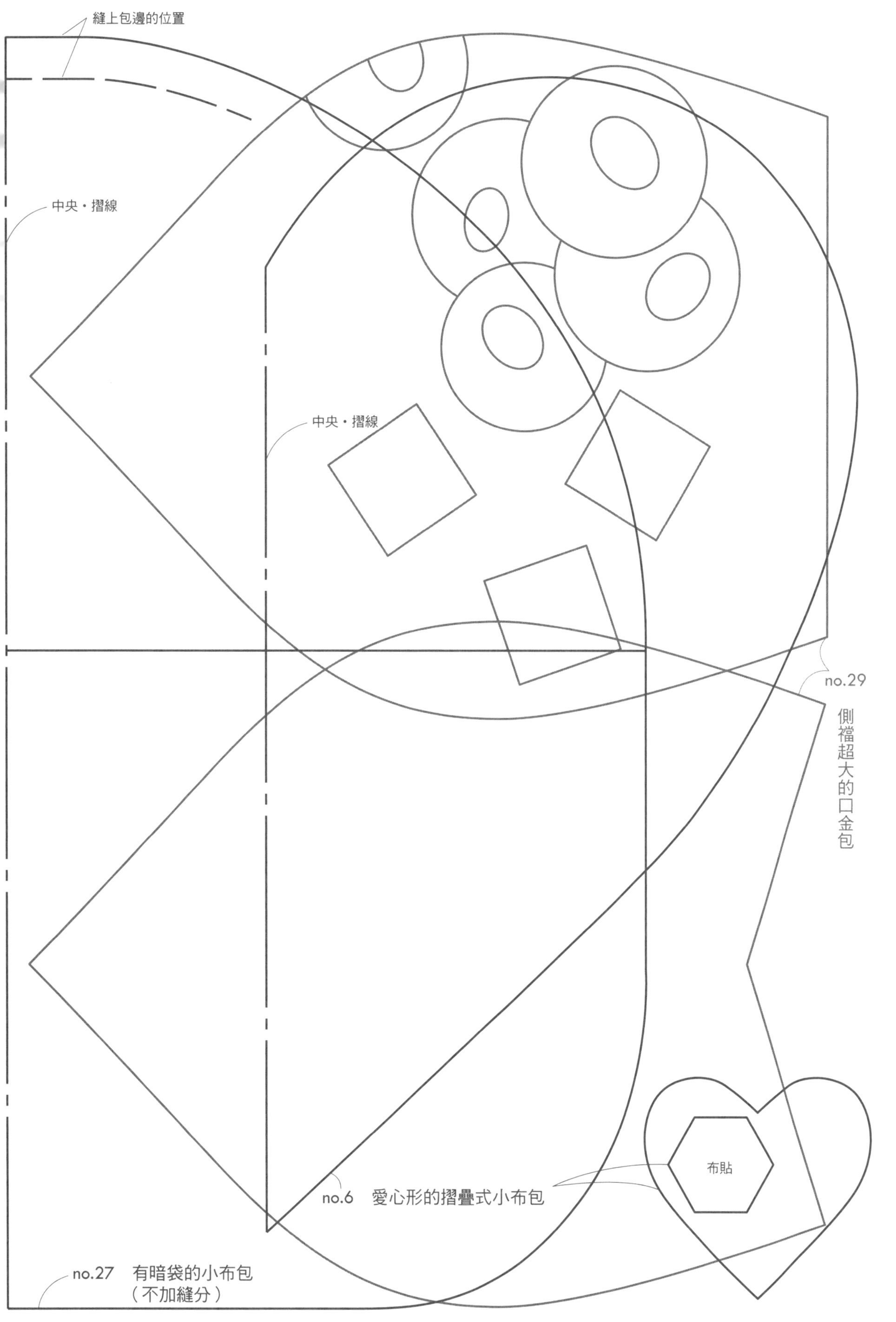
縫上包邊的位置
中央・摺線
中央・摺線
no.29
側襠超大的口金包
布貼
no.6 愛心形的摺疊式小布包
no.27 有暗袋的小布包
（不加縫分）

▸▸▸ p.45

no.30 中心是彩色的 YOYO花小布包

●**材料**

YOYO花…亞麻布110×50cm
配色布…碎布適量（包含墊布）
裡布…歐根紗30×30cm
磁釦…直徑1cm一組
雙膠布襯…適量

●**作法**　參照圖示

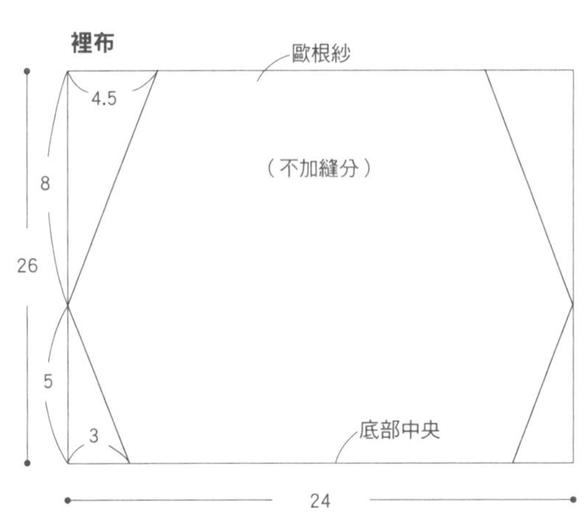

裡布
歐根紗
4.5
8
26
5
3
（不加縫分）
底部中央
24

配置圖

本體

3
YOYO花
配色布
縫在一起
山摺線
與前片相疊，以捲針縫縫合
後片
約39.3
底部中央
前片
與後片相疊，以捲針縫縫合
磁釦（母）
27

<背面>

磁釦（公）

YOYO花（97片）

6 （不加縫分）

配色布（97片）

3 （不加縫分）

墊布（32片）

2.5 （不加縫分）

<YOYO花>

配色布（正面）
中心
（背面）
把雙膠布襯貼在配色布背面
0.1平針縫
摺起0.3
（正面）
（背面）
一邊把周圍往內摺一邊縫
3
（正面）
把線拉緊，使布收縮後打結，從稍遠的地方出針把結藏起來

<本體背面> 從底部中央開始，依序將YOYO花的相接面縫在一起

（正面）
底部中央

背面相對
後片
前片
②將側邊捲針縫
底部
①把底部中央的兩端立起來，將星星標記的地方對在一起捲針縫

<整合方法>

本體（背面）
假縫在本體背面
裡布
墊布（背面）
貼上雙膠布襯
將墊布貼在裡布上
裡布

完成圖

約14.5
約24
3

▸▸▸ p.45

no.31 疊上YOYO花的束口袋

●材料

本體、YOYO花…純棉歐根紗110×70cm

繩尾裝飾…印花布15×15cm

圓繩…直徑0.1×130cm

●作法 參照圖示

●製作重點

要用手縫完成。

配置圖
本體 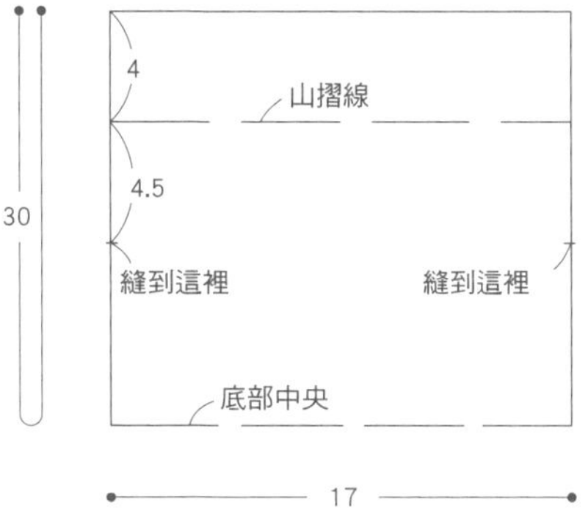
30
4
山摺線
4.5
縫到這裡
縫到這裡
底部中央
17
14
(5)
YOYO花(10片) 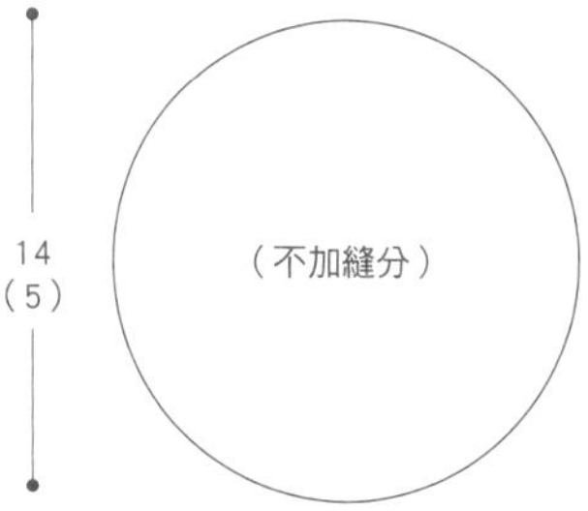
(不加縫分)
※( )內的數字是
繩尾裝飾的尺寸，4片
<本體> 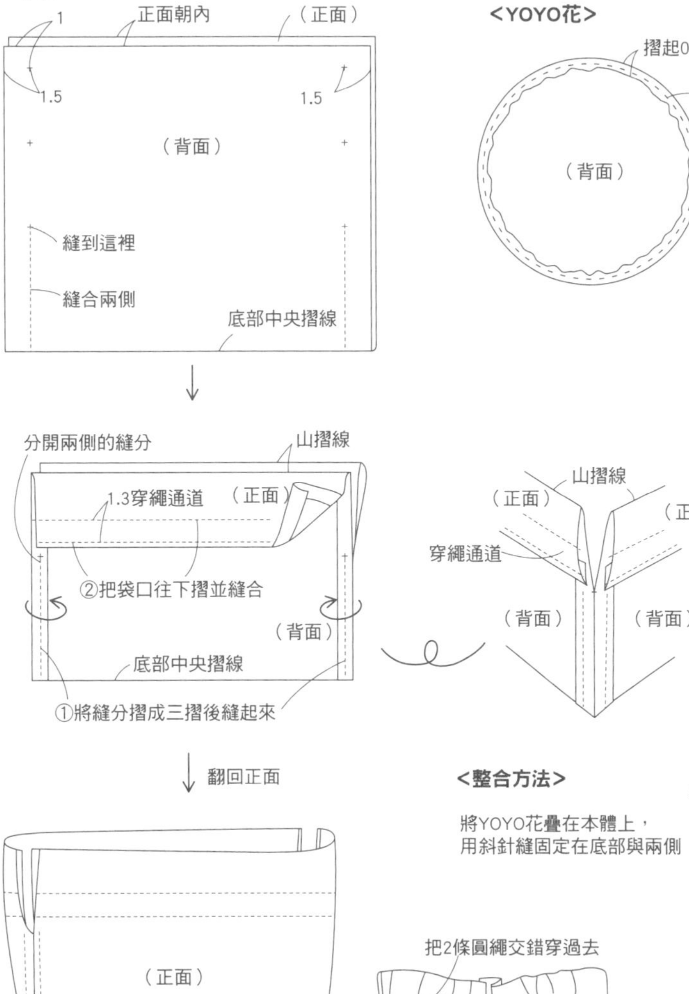
1
正面朝內
(正面)
1.5
1.5
(背面)
縫到這裡
縫合兩側
底部中央摺線
分開兩側的縫分
山摺線
1.3穿繩通道
(正面)
②把袋口往下摺並縫合
(背面)
底部中央摺線
①將縫分摺成三摺後縫起來
翻回正面
(正面)
山摺線
(正面)
(正面)
穿繩通道
(背面)
(背面)
<YOYO花> 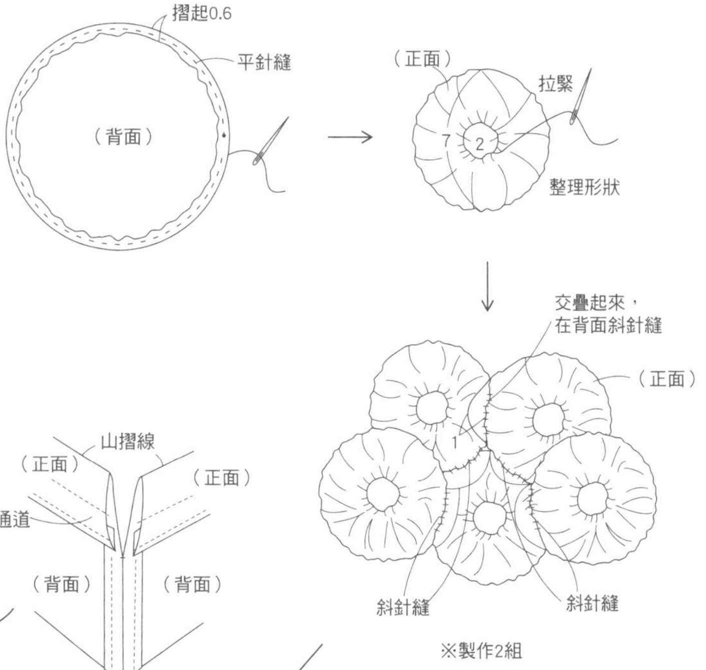
摺起0.6
平針縫
(背面)
(正面)
拉緊
7
2
整理形狀
交疊起來，
在背面斜針縫
(正面)
1
斜針縫
斜針縫
※製作2組
<整合方法>
將YOYO花疊在本體上，
用斜針縫固定在底部與兩側 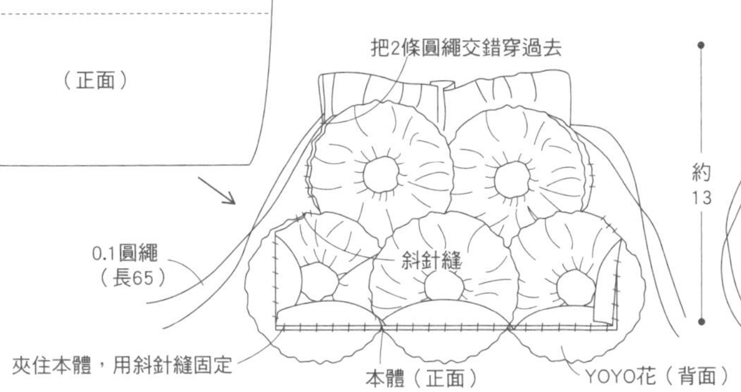
把2條圓繩交錯穿過去
0.1圓繩
(長65)
斜針縫
夾住本體，用斜針縫固定
本體(正面)
YOYO花(背面)
約
13
完成圖
約18.5
<繩尾裝飾>
夾住圓繩並 
斜針縫
約2
YOYO花

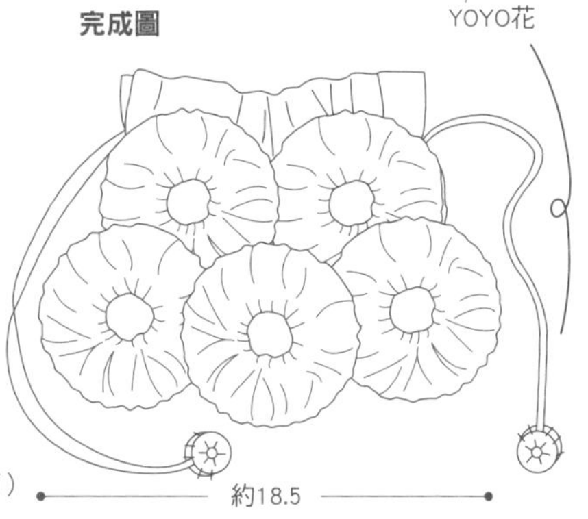

▸▸▸ p.46

no.32 YOYO花側襠的圓柱包

●材料

拼布用布…碎布適量（包含YOYO花）
側面…棕色素色布40×20cm
裡布、墊布、棉襯…各30×30cm
包邊條…棕色素色布3.5×50cm、2.5×60cm
塑膠板…20×10cm
拉鍊…長20cm1條
圓鈕釦…直徑1.2cm紅色1個
鈕釦…直徑1.2cm6個
D形環…內徑1.2cm1個
附問號鉤的皮製提帶…寬1.2×35cm1條
25號繡線…各色適量

●作法

①參照配置圖縫製拼布，繡上線條做成本體表布。
②把棉襯與墊布疊在①上，壓線。
③製作YOYO花後，利用鈕釦縫在②上固定，把袋口包邊。
④把③做成筒狀，縫上拉鍊，用斜針縫縫上裡布。兩側也要包邊。
⑤製作放入塑膠板的側面YOYO花，斜針縫在本體兩側。
⑥裝上D形環與圓鈕釦，再裝上提帶。

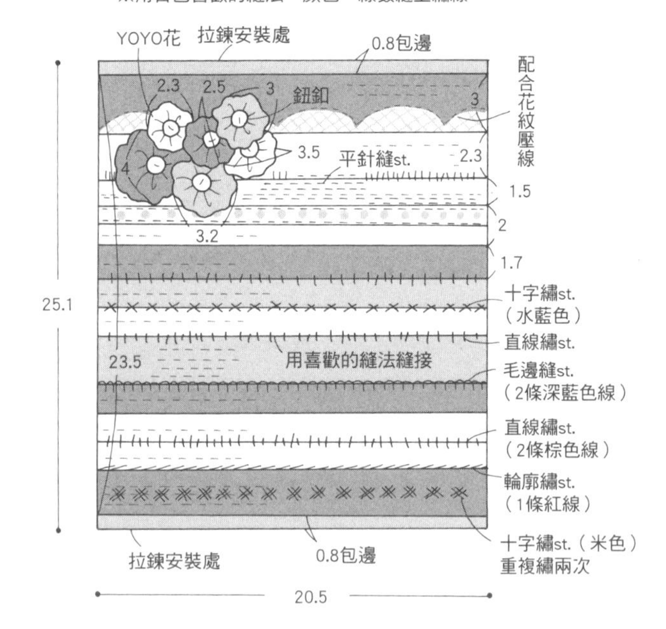
配置圖　本體
※用自己喜歡的縫法、顏色、線數縫上繡線
YOYO花
拉鍊安裝處
0.8包邊
配合花紋壓線
2.3
2.5
3
鈕釦
3
3.5
平針縫st.
2.3
1.5
2
3.2
4
1.7
25.1
十字繡st.（水藍色）
直線繡st.
23.5
用喜歡的縫法縫接
毛邊縫st.（2條深藍色線）
直線繡st.（2條棕色線）
輪廓繡st.（1條紅線）
十字繡st.（米色）重複繡兩次
拉鍊安裝處
0.8包邊
20.5

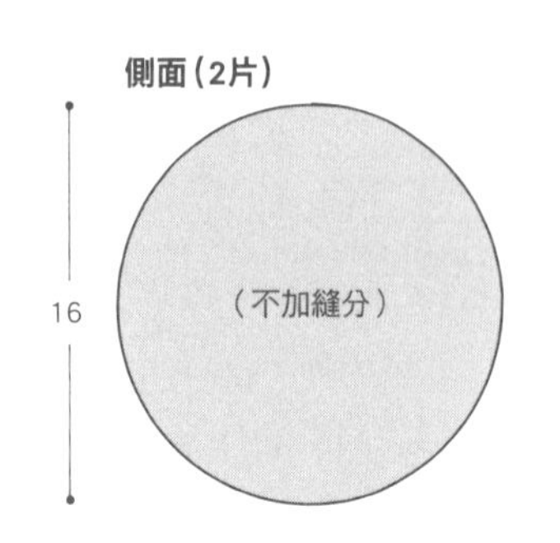
側面（2片）
16
（不加縫分）

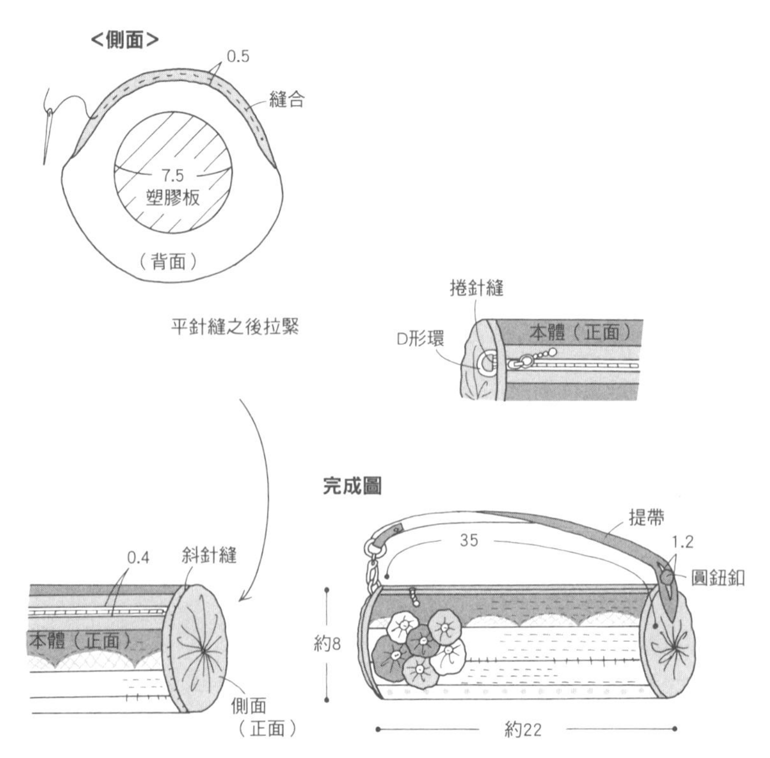
<側面>
0.5
縫合
7.5
塑膠板
（背面）
平針縫之後拉緊
捲針縫
D形環
本體（正面）
0.4
斜針縫
本體（正面）
側面（正面）
完成圖
提帶
35
1.2
圓鈕釦
約8
約22

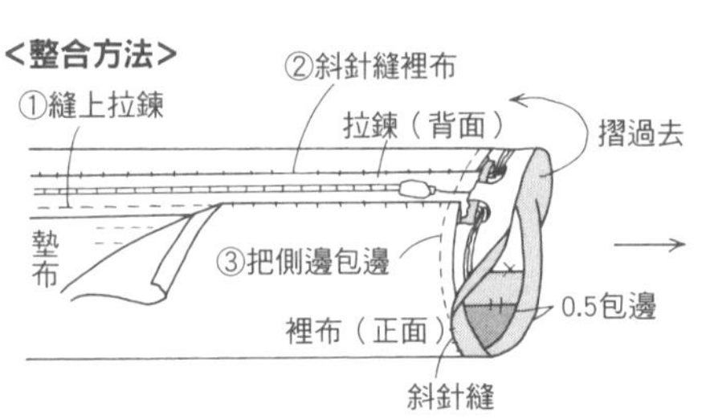
<整合方法>
②斜針縫裡布
①縫上拉鍊
拉鍊（背面）
摺過去
墊布
③把側邊包邊
裡布（正面）
0.5包邊
斜針縫

▸▸▸ p.48

no.33 高雅的百褶小布包

●材料（做1個的量）

本體底布…花布60×20cm

袋底…印花布30×15cm

百褶邊用布…4種印花布（小的要3種）各10×110cm

裡布、雙膠棉襯…各60×35cm

包邊條（斜紋）…3.5×120cm

處理縫分用布…2.5×20cm

蕾絲…寬3×70cm

拉鍊…長25cm1條

厚紙板（底板）…適量

●作法 參照圖示

●製作重點

百褶邊的作法參照P49的教學。小的布包要在底布畫上12×52cm的完成線，百褶邊的縫接位置則是從最下層開始畫上6cm、3cm的記號。

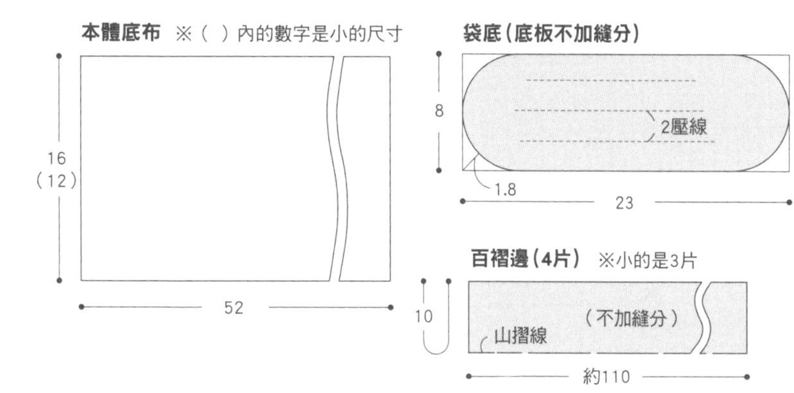

配置圖
本體底布 ※（ ）內的數字是小的尺寸
16（12）
52
袋底（底板不加縫分）
8
2壓線
1.8
23
百褶邊（4片） ※小的是3片
10
（不加縫分）
山摺線
約110

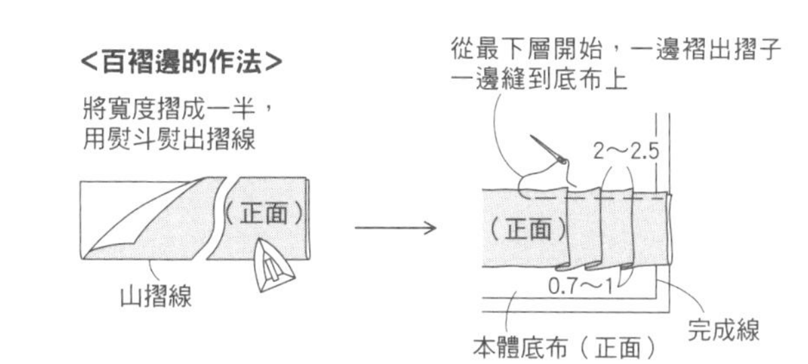

<百褶邊的作法>
將寬度摺成一半，
用熨斗熨出摺線
（正面）
山摺線
從最下層開始，一邊褶出摺子
一邊縫到底布上
2～2.5
（正面）
0.7～1
完成線
本體底布（正面）

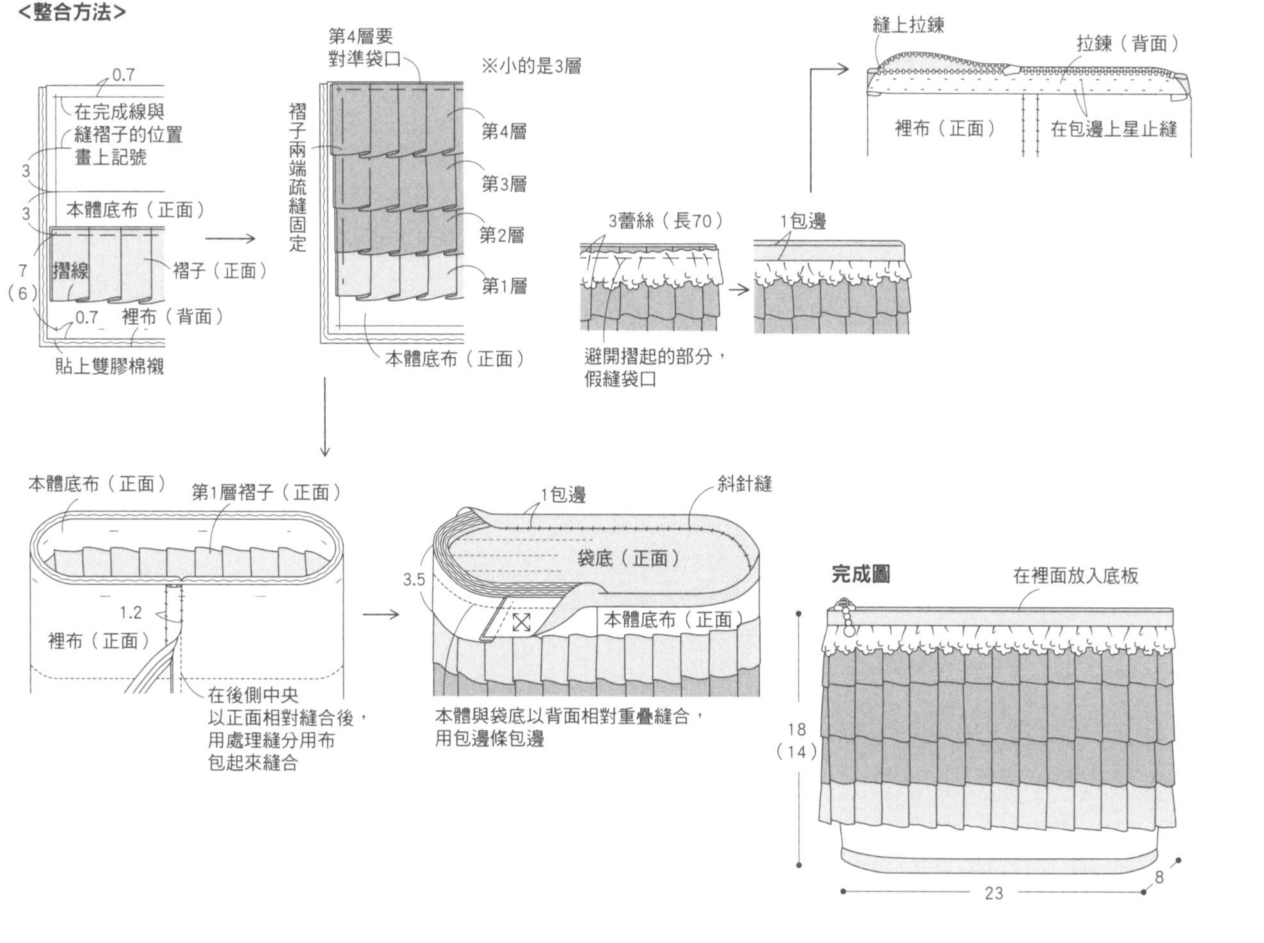

<整合方法>
0.7
在完成線與
縫褶子的位置
畫上記號
3
3
本體底布（正面）
7（6）
摺線
褶子（正面）
0.7
裡布（背面）
貼上雙膠棉襯
第4層要
對準袋口
※小的是3層
褶子兩端疏縫固定
第4層
第3層
第2層
第1層
本體底布（正面）
3蕾絲（長70）
1包邊
避開摺起的部分，
假縫袋口
縫上拉鍊
拉鍊（背面）
裡布（正面）
在包邊上星止縫
本體底布（正面）
第1層褶子（正面）
1.2
裡布（正面）
在後側中央
以正面相對縫合後，
用處理縫分用布
包起來縫合
1包邊
斜針縫
袋底（正面）
3.5
本體底布（正面）
本體與袋底以背面相對重疊縫合，
用包邊條包邊
完成圖
在裡面放入底板
18（14）
23
8

▸▸▸p.51

no.34 褶襉護照套

●**材料**

拼布用布…條紋布（包含內側A與內側口袋A'）70×40cm

內側B…圓點布（包含內側口袋B'的裡布）40×20cm

內側口袋A'…紅色圓點布40×15cm

內側口袋B'…白色圓點布20×15cm

彈性圓繩…黑色直徑0.2×12cm

方形鈕釦…1個

25號繡線…黑色適量

●**作法** 參照圖示

●**製作重點**

要依照條紋的幅度（寬度），來調整褶襉的數量與布的寬度。

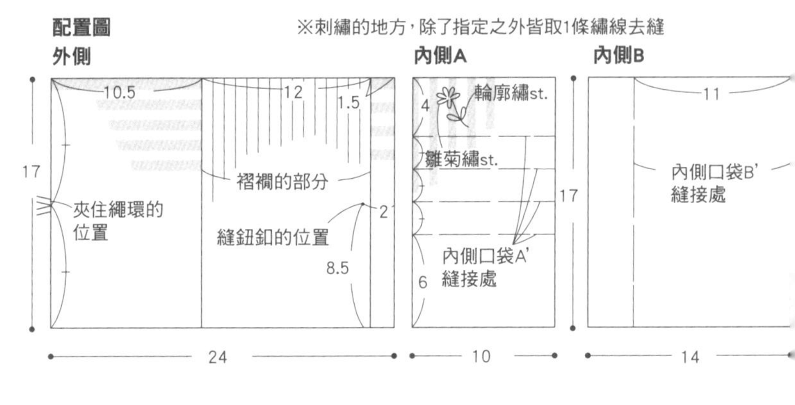

配置圖
※刺繡的地方，除了指定之外皆取1條繡線去縫
外側
內側A
內側B
10.5
12
1.5
17
褶襉的部分
夾住繩環的位置
縫鈕釦的位置
2
8.5
24
4
輪廓繡st.
雛菊繡st.
內側口袋A'縫接處
6
17
10
11
內側口袋B'縫接處
14

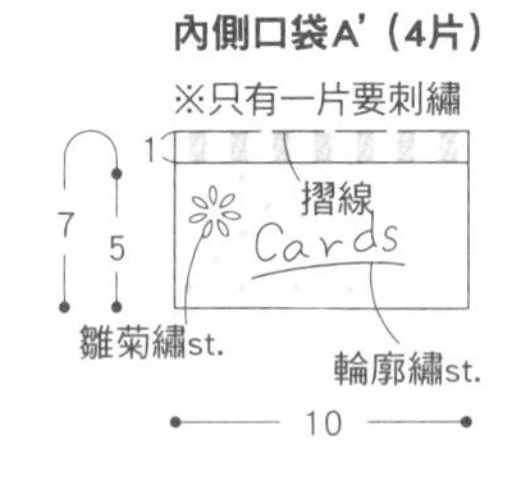

內側口袋A'（4片）
※只有一片要刺繡
1
7
5
摺線
Cards
雛菊繡st.
輪廓繡st.
10

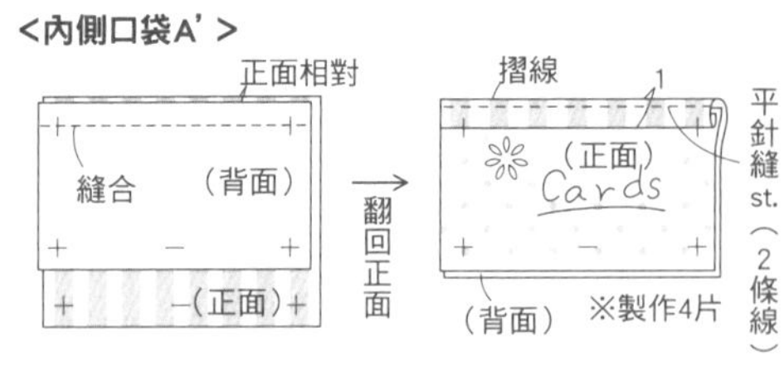

<內側口袋A'>
正面相對
縫合
（背面）
（正面）
翻回正面
摺線
1
（正面）
Cards
平針縫st.（2條線）
（背面）
※製作4片

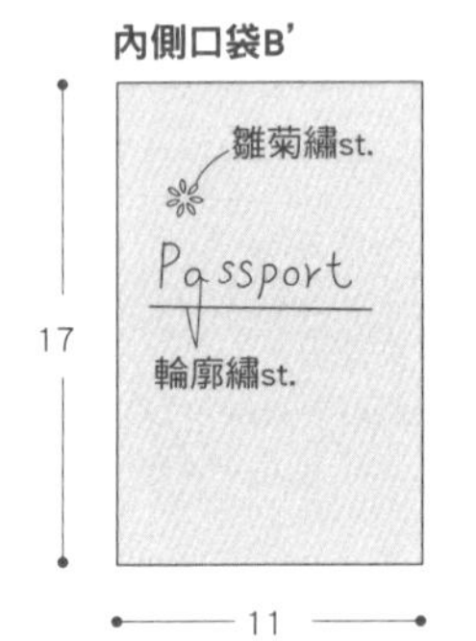

內側口袋B'
雛菊繡st.
Passport
輪廓繡st.
17
11

<內側>
4
A（正面）
內側口袋A'（正面）
底部用
Z字車縫固定

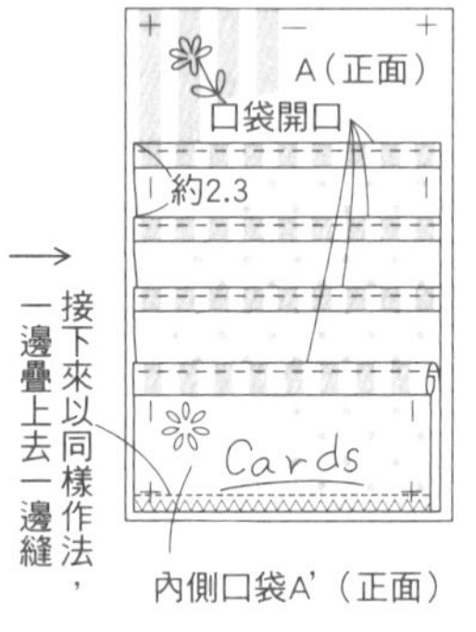

接下來以同樣作法，一邊疊上去一邊縫
A（正面）
口袋開口
約2.3
Cards
內側口袋A'（正面）

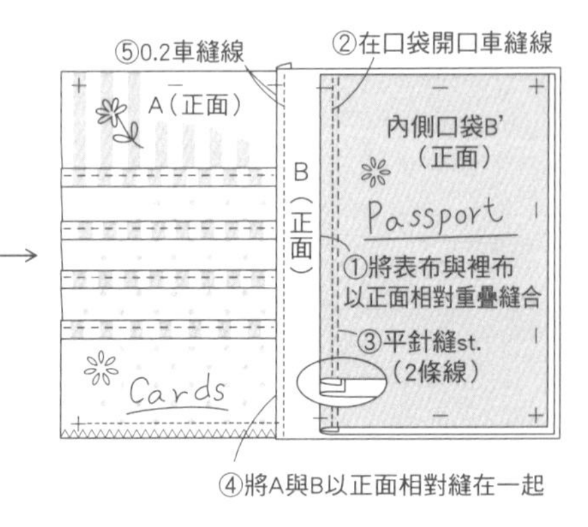

⑤0.2車縫線
②在口袋開口車縫線
A（正面）
B（正面）
內側口袋B'（正面）
Passport
①將表布與裡布以正面相對重疊縫合
③平針縫st.（2條線）
Cards
④將A與B以正面相對縫在一起

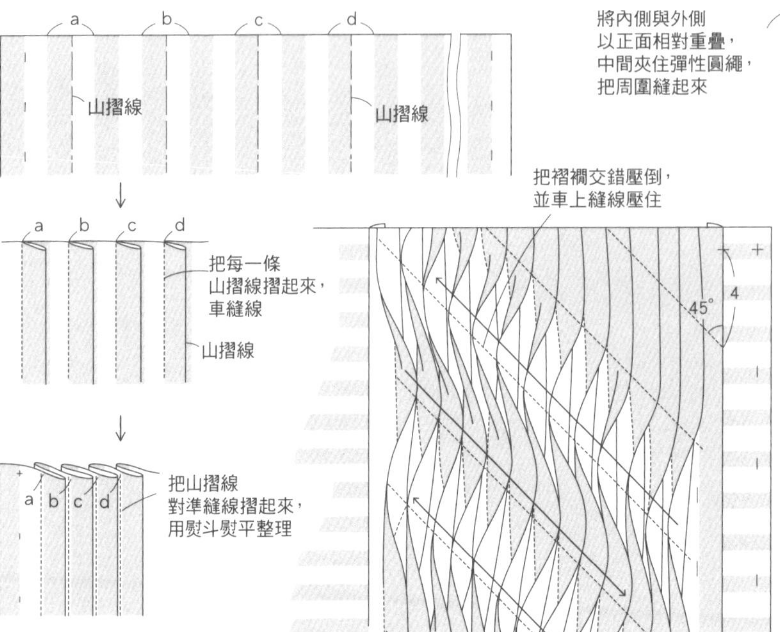

<褶襉的作法>
※要用四條條紋才能做出一條褶襉，做褶襉的時候要配合條紋的寬度
a
b
c
d
山摺線
山摺線
把每一條山摺線摺起來，車縫線
山摺線
把山摺線對準縫線摺起來，用熨斗熨平整理
把褶襉交錯壓倒，並車上縫線壓住
45°
4

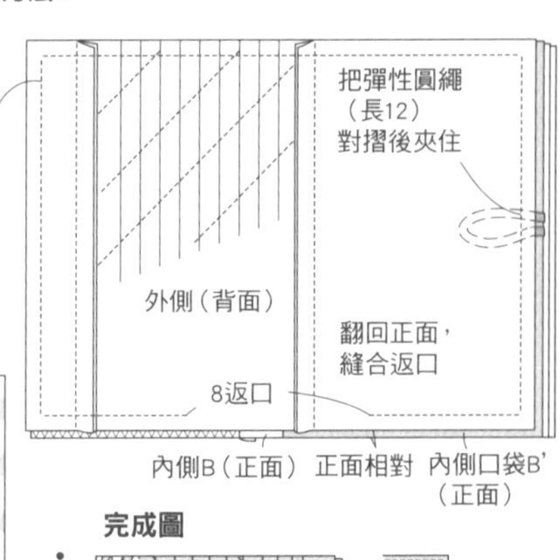

<整合方法>
將內側與外側以正面相對重疊，中間夾住彈性圓繩，把周圍縫起來
把彈性圓繩（長12）對摺後夾住
外側（背面）
翻回正面，縫合返口
8返口
內側B（正面）
正面相對
內側口袋B'（正面）

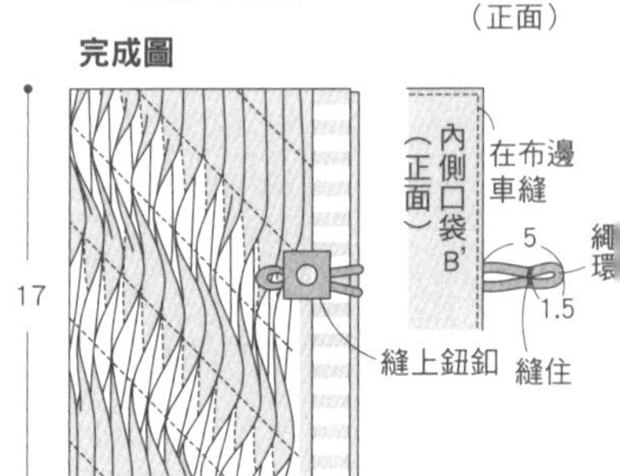

完成圖
17
12
縫上鈕釦
內側口袋B'（正面）
在布邊車縫
5
1.5
繩環
縫住

▸▸▸p.51

no.35 褶襉筆袋

●**材料**

本體…條紋布110×25cm
裡布…30×25cm
薄棉襯…20×15cm
拉鍊…長17cm1條
織帶…寬3×20cm
單膠薄布襯…適量

●**作法** 參照圖示

●**製作重點**

要依照條紋的幅度（寬度），來調整褶襉的數量與布的寬度。

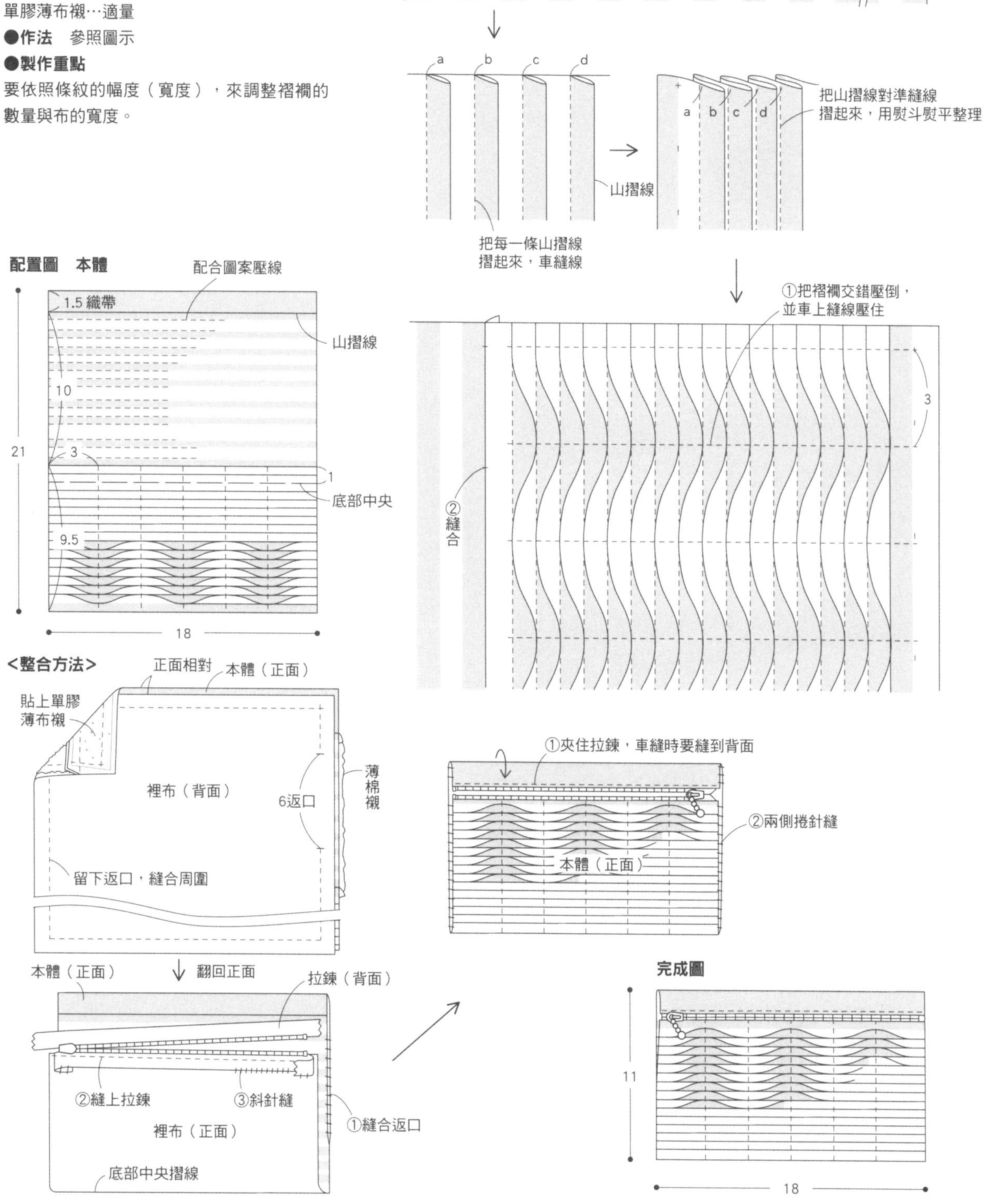

<褶襉的作法>
※要用四條條紋才能做出一條褶襉，
做褶襉的時候要配合條紋的寬度
a
b
c
d
山摺線
山摺線
把山摺線對準縫線
摺起來，用熨斗熨平整理
山摺線
把每一條山摺線
摺起來，車縫線
①把褶襉交錯壓倒，
並車上縫線壓住
3
②縫合
配置圖 本體
配合圖案壓線
1.5 織帶
山摺線
10
21
3
1
底部中央
9.5
18
<整合方法>
正面相對
本體（正面）
貼上單膠
薄布襯
裡布（背面）
6返口
薄棉襯
留下返口，縫合周圍
①夾住拉鍊，車縫時要縫到背面
②兩側捲針縫
本體（正面）
本體（正面）
翻回正面
拉鍊（背面）
②縫上拉鍊
③斜針縫
①縫合返口
裡布（正面）
底部中央摺線
完成圖
11
18

▸▸▸ p.52

no.36 立體網格編織的小布包

●材料

縱向布條用布…印花布50×50cm
橫向布條用布…印花布62×20cm
側面布條用布…合成皮寬2.5×66cm4條、印花布66×10cm
布環…素色黑布12×6cm
內袋…45×35cm
編織帶芯…寬2×890cm
拉鍊…長28cm1條
D形環…內徑1.3cm2個
附問號鉤的側背帶…1條
單膠厚布襯、單膠布襯…各適量

●作法 參照圖示

●製作重點

布條的作法、底部的作法、側面的編織方法，請參照P53的教學。

用印花布做的布條寬度都是2cm，是把寬2cm的編織帶芯貼在裁成寬4.5cm（不加縫分）的印花布上，再包起來所做成的。只有側面所使用的四層合成皮布條要裁成2.5cm寬（不加縫分）。

配置圖 本體

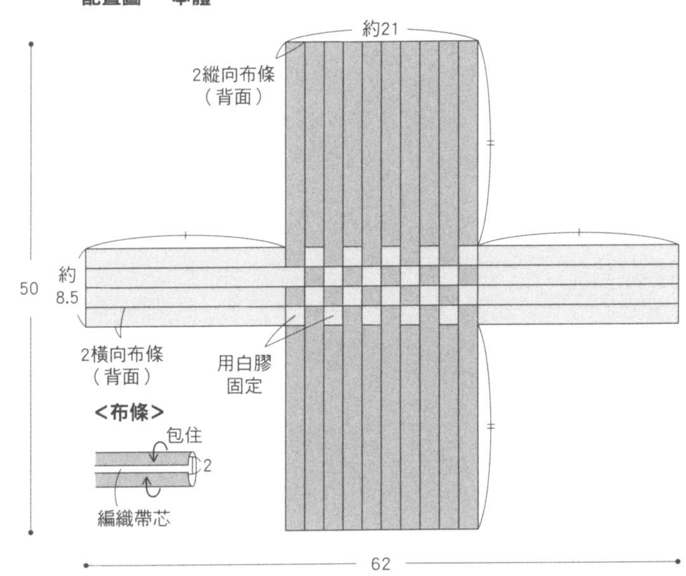
約21
2縱向布條
（背面）
約
8.5
50
2橫向布條
（背面）
用白膠
固定
<布條>
包住
2
編織帶芯
62

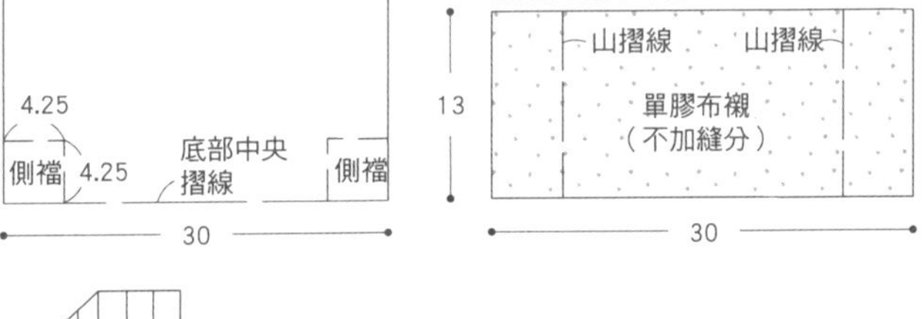
袋底內襯
8.5
單膠厚布襯
（不加縫分）
21
布環（2片）
6
（不加縫分）
6
內袋
38
4.25
側襠
4.25
底部中央
摺線
側襠
30
側面內襯（2片）
13
山摺線
山摺線
單膠布襯
（不加縫分）
30

<製作袋底>

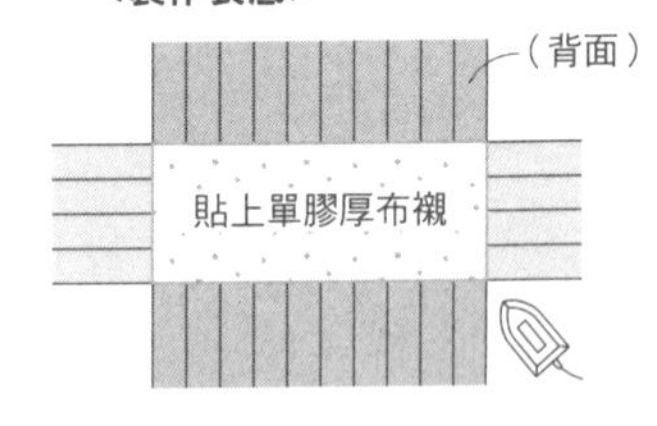
（背面）
貼上單膠厚布襯

<編織側面>

①把縱向布條與橫向布條立起來

合成皮
直角
側面布條（正面）

②側面是寬2.5cm（不加縫分）的合成皮布條4條，加上寬2cm的編織布條，總共6條側面布條所編成的

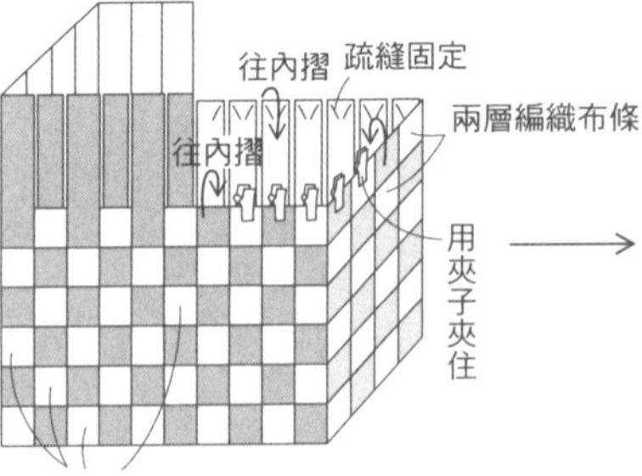
往內摺
疏縫固定
往內摺
兩層編織布條
用夾子夾住
四層合成皮帶
在側面貼上單膠布襯

<製作布環>

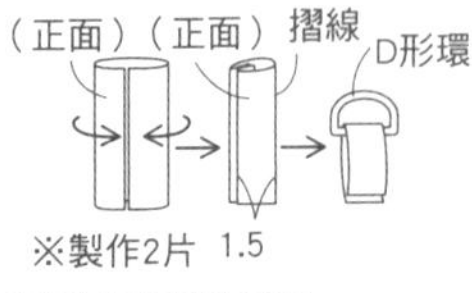
（正面）
（正面）
摺線
D形環
※製作2片
1.5

<裝上布環與拉鍊>

縫上拉鍊
縫住布環
單膠布襯
本體（正面）
拉鍊
本體（正面）
內袋（正面）

完成圖

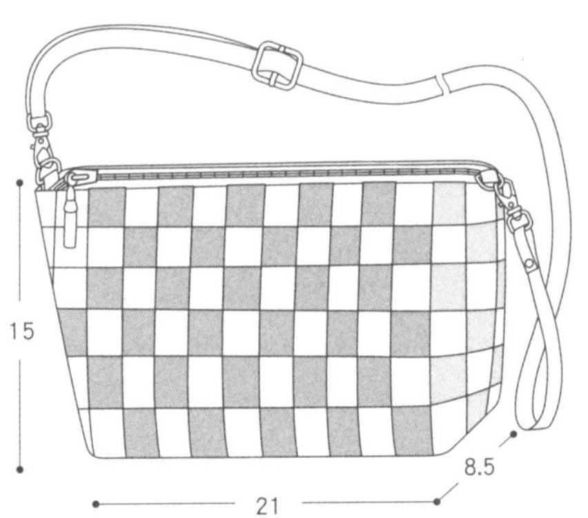
15
8.5
21

<製作內袋>

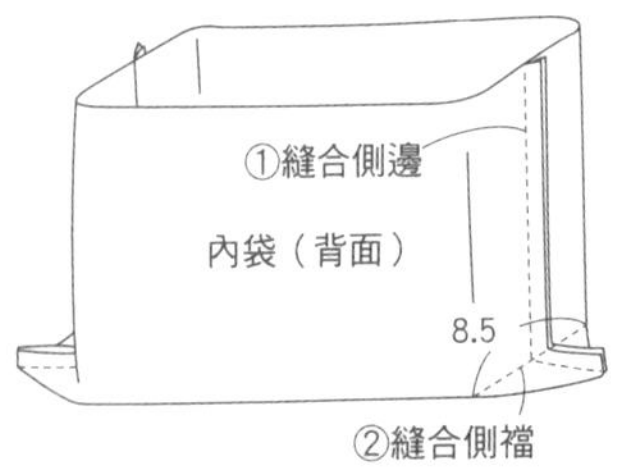
①縫合側邊
內袋（背面）
8.5
②縫合側襠

▸▸▸ p.54

no.37 教堂之窗的小布包

●材料

拼布用布、配色布…碎布適量（包含口布、側襠、袋底、端布）

內袋…50×40cm

水波緞帶…寬0.6×70cm

拉鍊…長30cm1條

單膠薄棉襯、單膠布襯…各適量

●作法 參照圖示

●製作重點

教堂之窗的縫法請參照P55的教學。

配置圖 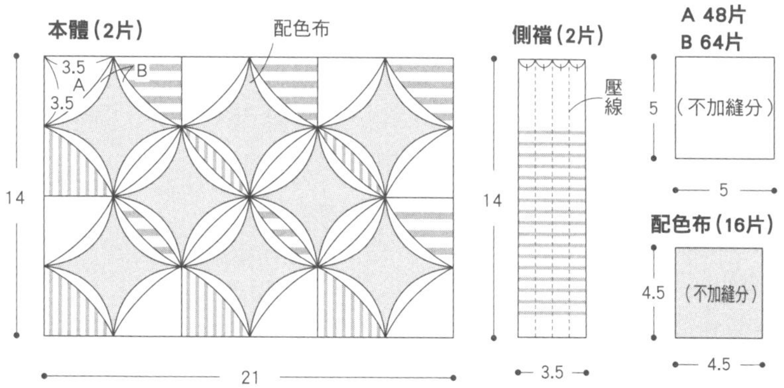
本體（2片）
配色布
3.5
A
B
3.5
14
21
※A＝底布、B＝教堂之窗用布
側襠（2片）
壓線
14
3.5
A 48片
B 64片
5
（不加縫分）
5
配色布（16片）
4.5
（不加縫分）
4.5
袋底 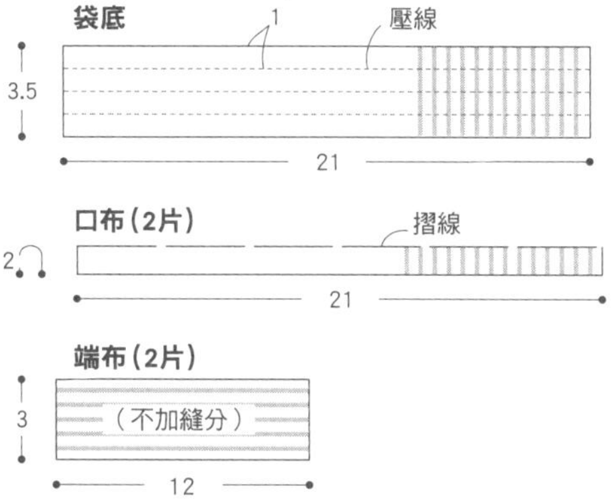
1
壓線
3.5
21
口布（2片）
摺線
2
21
端布（2片）
3
（不加縫分）
12
內袋 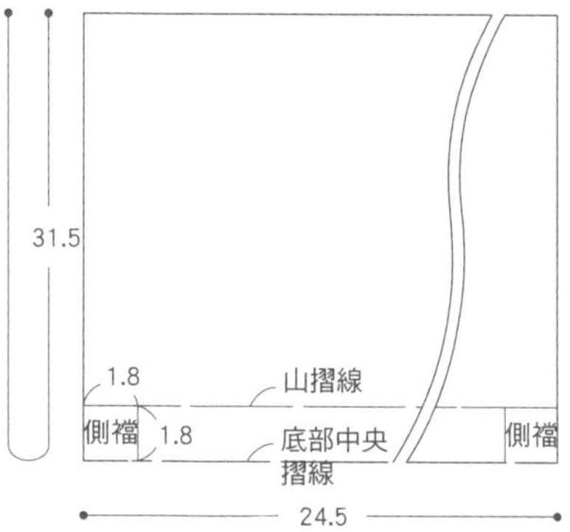 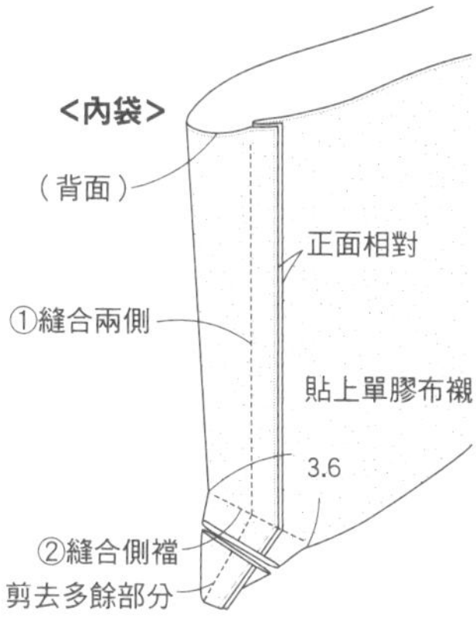
31.5
1.8
山摺線
側襠
1.8
底部中央
摺線
側襠
24.5
<內袋>
（背面）
正面相對
①縫合兩側
貼上單膠布襯
3.6
②縫合側襠
剪去多餘部分
<整合方法> 將袋底縫至本體上 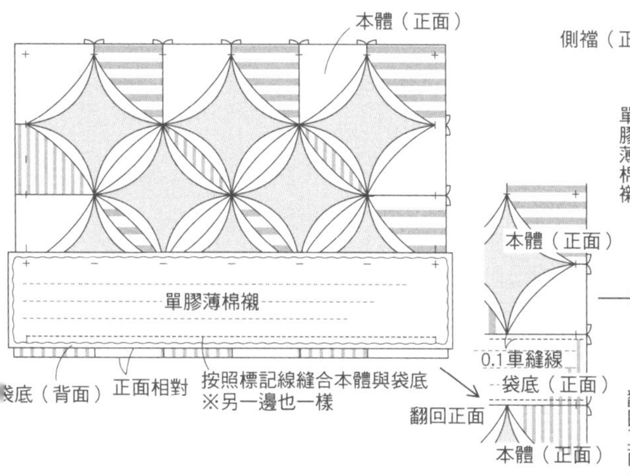
本體（正面）
單膠薄棉襯
袋底（背面）
正面相對
按照標記線縫合本體與袋底
※另一邊也一樣
本體（正面）
0.1車縫線
袋底（正面）
翻回正面
本體（正面）
翻回正面
縫接側襠與口布 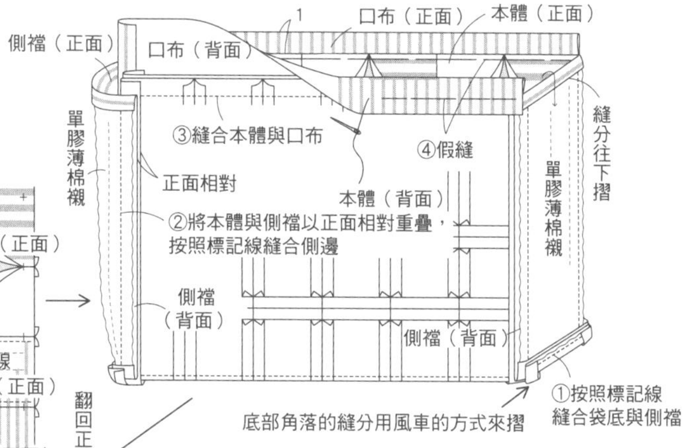
1
口布（正面）
本體（正面）
側襠（正面）
口布（背面）
單膠薄棉襯
③縫合本體與口布
④假縫
正面相對
本體（背面）
②將本體與側襠以正面相對重疊，按照標記線縫合側邊
縫分往下摺
單膠薄棉襯
側襠（背面）
側襠（背面）
底部角落的縫分用風車的方式來摺
①按照標記線縫合袋底與側襠
安裝拉鍊 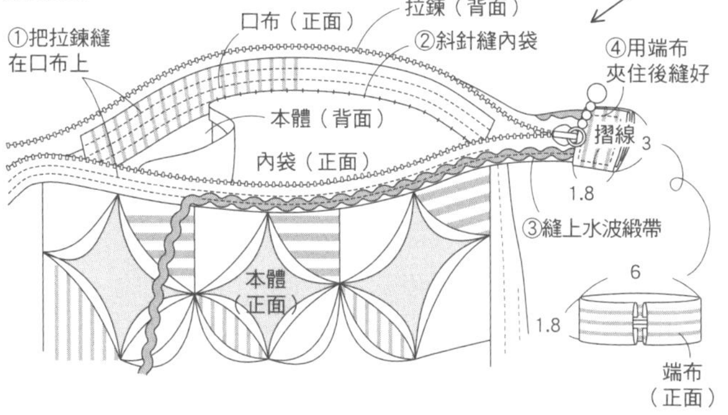
①把拉鍊縫在口布上
口布（正面）
拉鍊（背面）
②斜針縫內袋
④用端布夾住後縫好
本體（背面）
內袋（正面）
摺線
3
1.8
③縫上水波緞帶
本體（正面）
6
1.8
端布（正面）
完成圖
約15.5
21
3.5

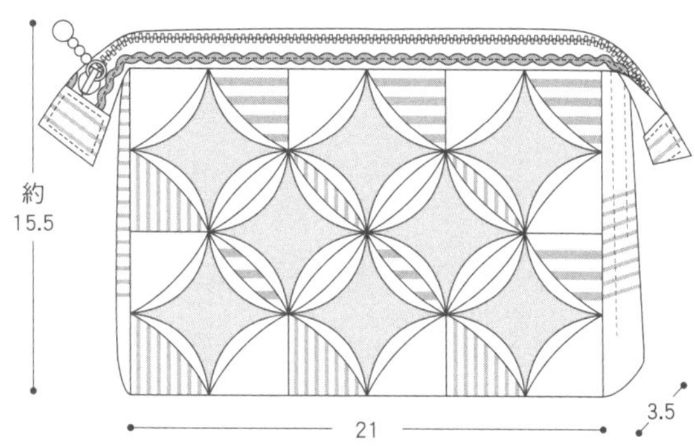

▸▸▸ p.57

no.38 墊肩小布包

●材料

拼布用布…碎布適量
裡布…40×20cm
包邊條（斜紋）…4×90cm
拉鍊…長20cm1條
市售墊肩…一組

●作法 參照圖示

●製作重點

把墊肩對準no.40的紙型，沿著完成線剪裁。
用縫小木屋拼布的手法，直接在墊肩上拼布，製作2片本體。

no.39～44的紙型在P98～99、P101，作法請參照no.38。

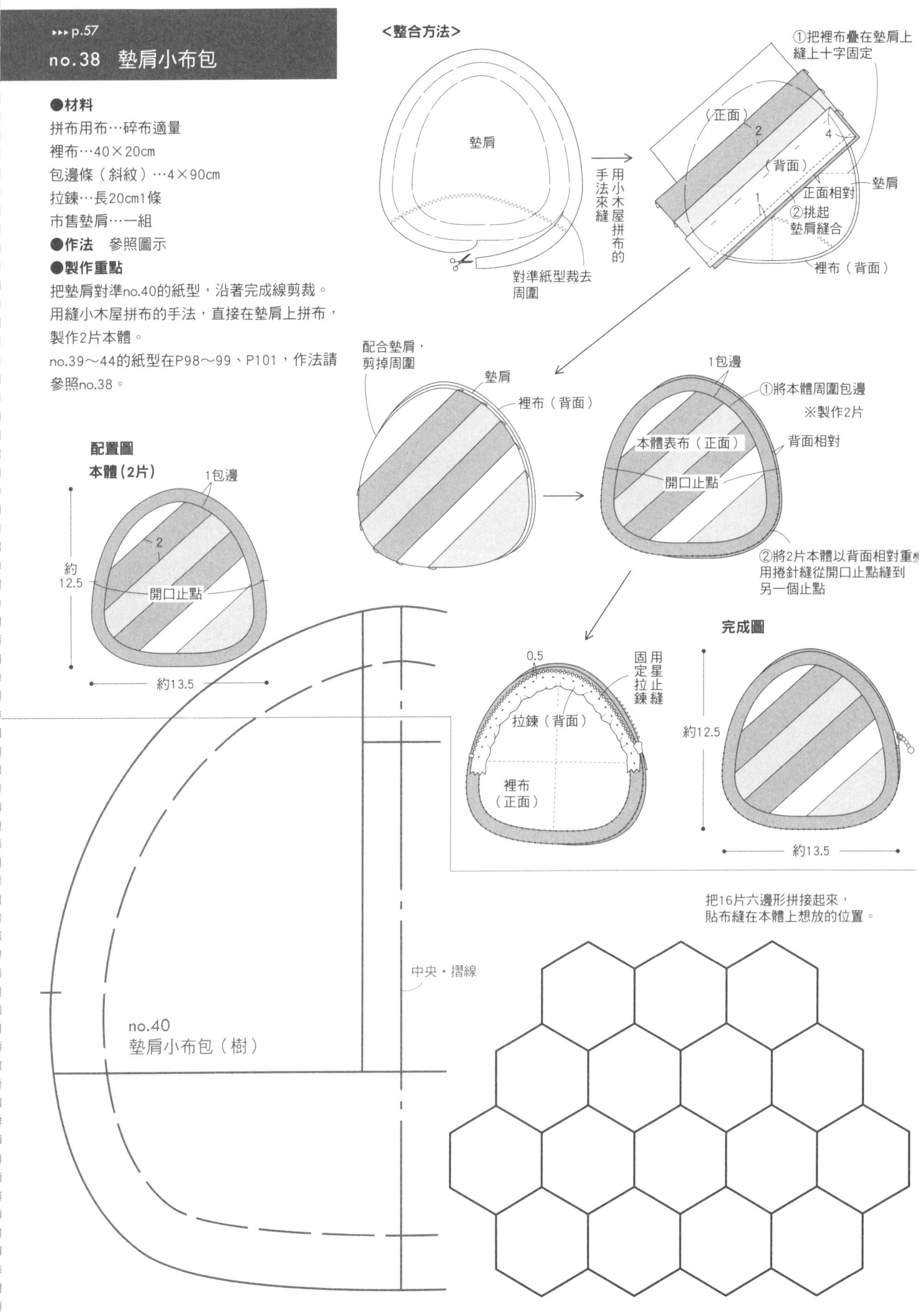

<整合方法>
墊肩
對準紙型裁去周圍
用小木屋拼布的手法來縫
①把裡布疊在墊肩上縫上十字固定
（正面）
2
4
（背面）
1
墊肩
正面相對
②挑起墊肩縫合
裡布（背面）
配合墊肩，剪掉周圍
墊肩
裡布（背面）
1包邊
①將本體周圍包邊
※製作2片
本體表布（正面）
背面相對
開口止點
②將2片本體以背面相對重疊，用捲針縫從開口止點縫到另一個止點
配置圖
本體（2片）
1包邊
2
約12.5
開口止點
約13.5
0.5
用星止縫固定拉鍊
拉鍊（背面）
裡布（正面）
完成圖
約12.5
約13.5
中央・摺線
no.40
墊肩小布包（樹）
把16片六邊形拼接起來，
貼布縫在本體上想放的位置。

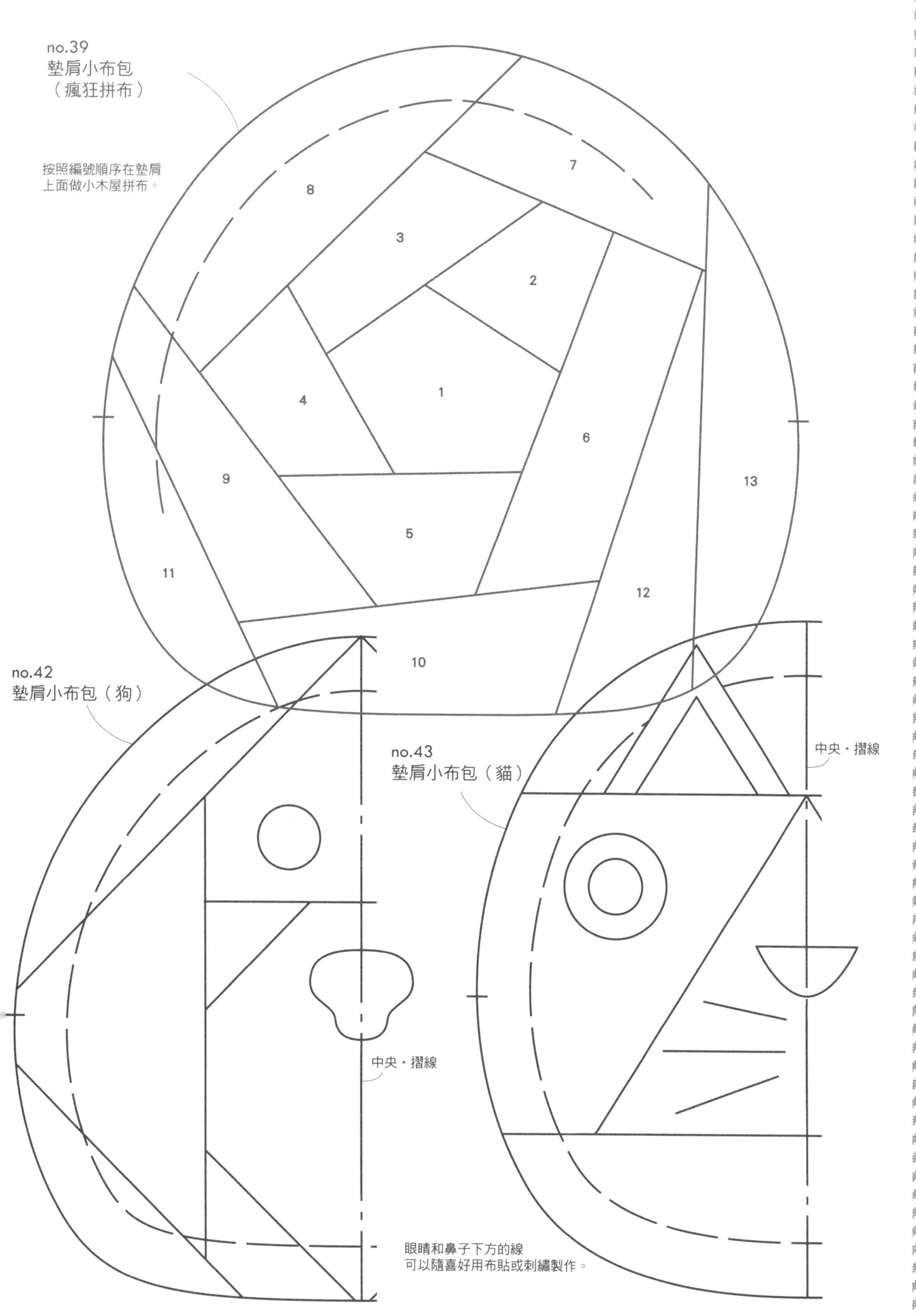
no.39
墊肩小布包
（瘋狂拼布）
按照編號順序在墊肩
上面做小木屋拼布。
8
7
3
2
4
1
6
9
13
5
11
12
10
no.42
墊肩小布包（狗）
no.43
墊肩小布包（貓）
中央・摺線
中央・摺線
眼睛和鼻子下方的線
可以隨喜好用布貼或刺繡製作。

▸▸▸ p.58

no.45 芭蕾舞鞋小布包

●材料

本體…素色布20×15cm

底部、裡布、端布…圓點花紋布30×20cm

雙膠棉襯…30×20cm

亮面緞帶…寬1×6cm

拉鍊…長10cm1條

蕾絲花片…1片

綠色25號繡線、毛氈布、小吊飾、單膠布襯…各適量

●作法 參照圖示

●原寸紙型 P101

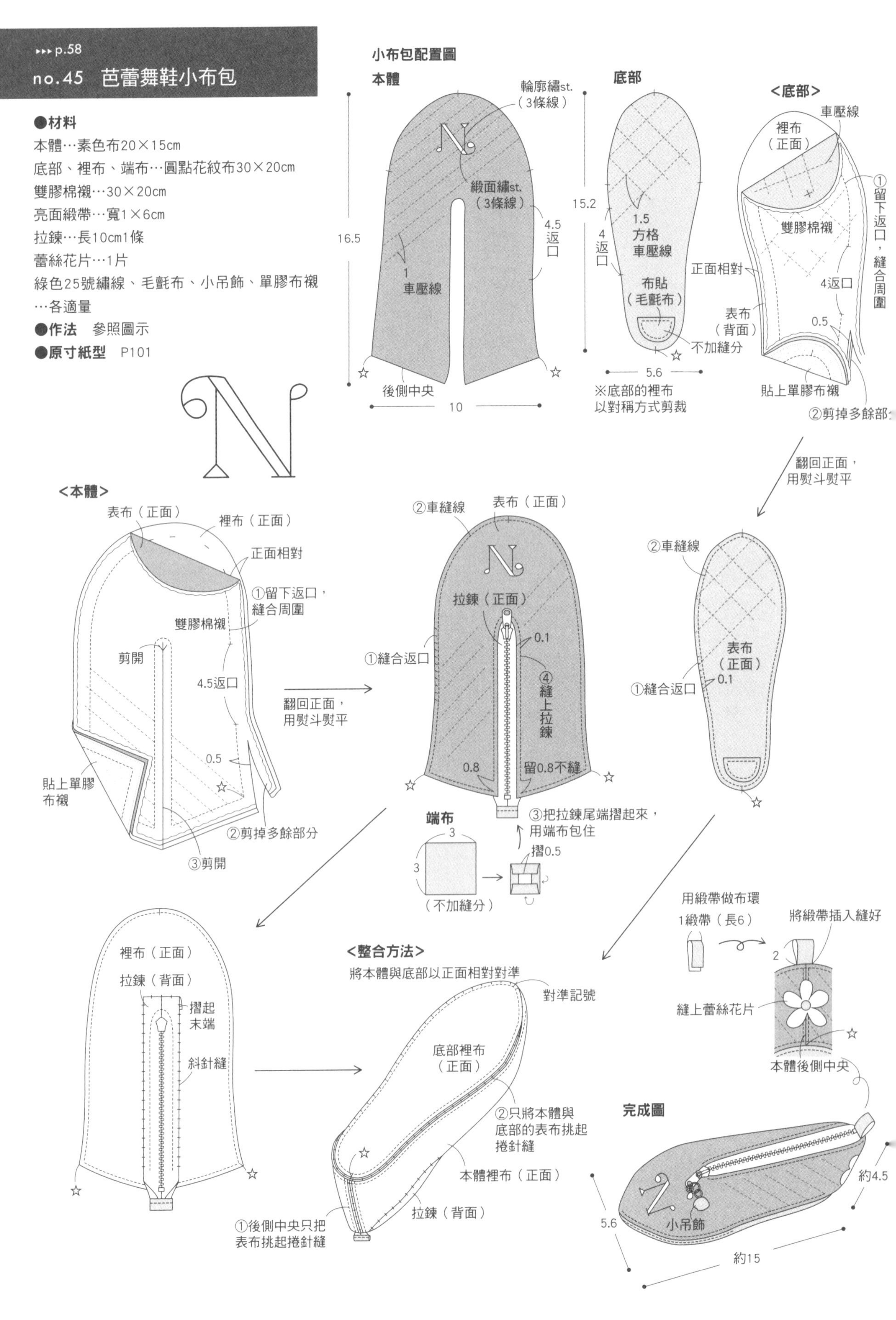

小布包配置圖
本體
輪廓繡st.（3條線）
緞面繡st.（3條線）
4.5返口
16.5
1車壓線
後側中央
10
底部
15.2
4返口
1.5方格車壓線
布貼（毛氈布）
不加縫分
5.6
※底部的裡布以對稱方式剪裁
<底部>
車壓線
裡布（正面）
①留下返口，縫合周圍
雙膠棉襯
正面相對
4返口
表布（背面）
0.5
貼上單膠布襯
②剪掉多餘部分
翻回正面，用熨斗熨平
<本體>
表布（正面）
裡布（正面）
正面相對
①留下返口，縫合周圍
雙膠棉襯
剪開
4.5返口
0.5
貼上單膠布襯
②剪掉多餘部分
③剪開
翻回正面，用熨斗熨平
②車縫線
表布（正面）
拉鍊（正面）
0.1
①縫合返口
④縫上拉鍊
0.8
留0.8不縫
③把拉鍊尾端摺起來，用端布包住
端布
3
3
（不加縫分）
摺0.5
②車縫線
表布（正面）
①縫合返口
0.1
裡布（正面）
拉鍊（背面）
摺起末端
斜針縫
<整合方法>
將本體與底部以正面相對對準
對準記號
底部裡布（正面）
②只將本體與底部的表布挑起捲針縫
本體裡布（正面）
拉鍊（背面）
①後側中央只把表布挑起捲針縫
用緞帶做布環
1緞帶（長6）
2
將緞帶插入縫好
縫上蕾絲花片
本體後側中央
完成圖
約4.5
5.6
小吊飾
約15

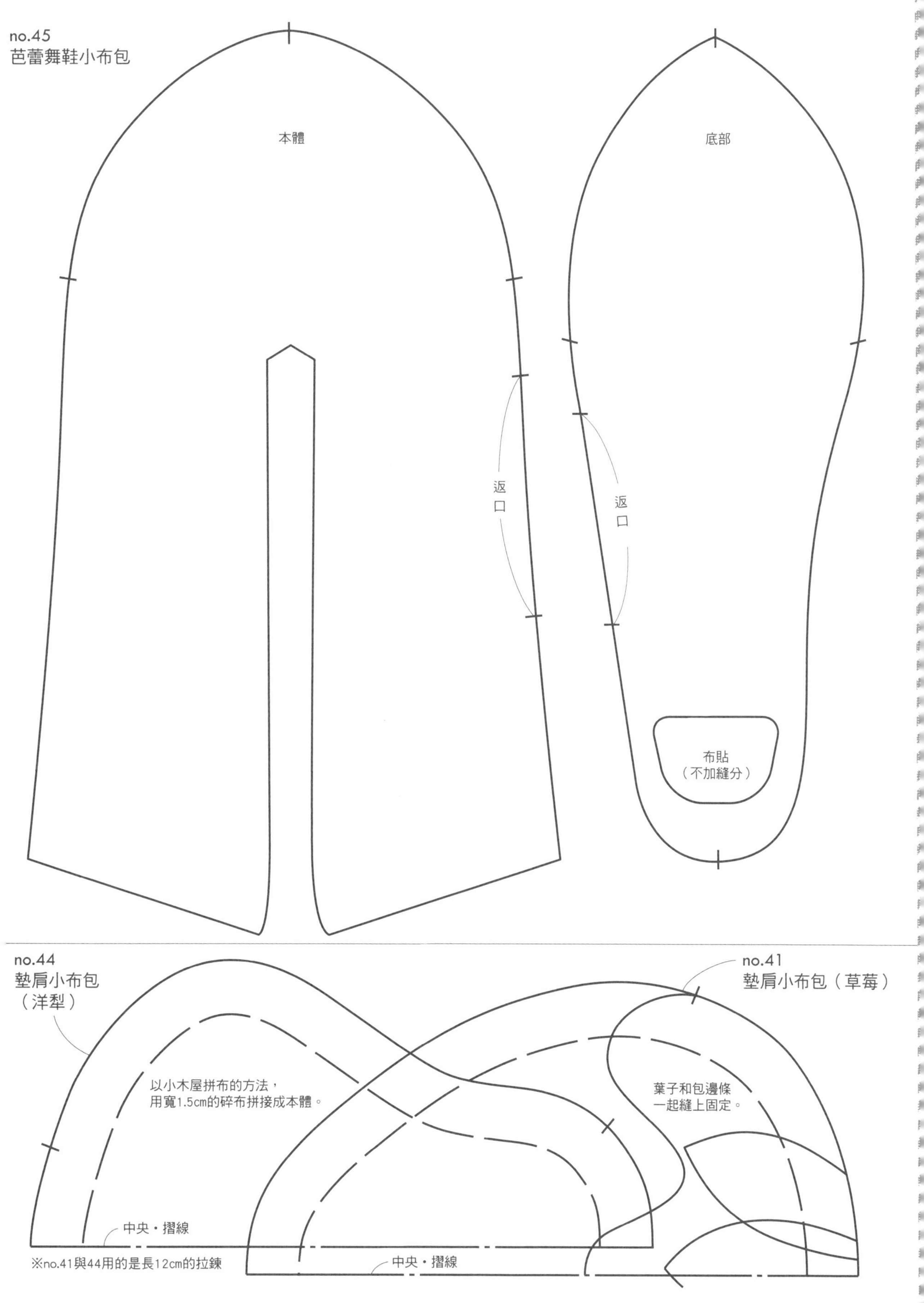
no.45
芭蕾舞鞋小布包
本體
底部
返口
返口
布貼
（不加縫分）
no.44
墊肩小布包
（洋梨）
no.41
墊肩小布包（草莓）
以小木屋拼布的方法，
用寬1.5cm的碎布拼接成本體。
葉子和包邊條
一起縫上固定。
中央・摺線
※no.41與44用的是長12cm的拉鍊
中央・摺線

▸▸▸p.60

no.47 飯糰小布包

●材料

拼布、布貼用布…圓點布（包含上、下側襠）50×15cm、手染布20×10cm、碎布適量（梅干）

內袋、墊布、棉襯…各40×20cm

拉鍊…長14cm1條

25號繡線…白色適量

●作法 參照圖示

配置圖

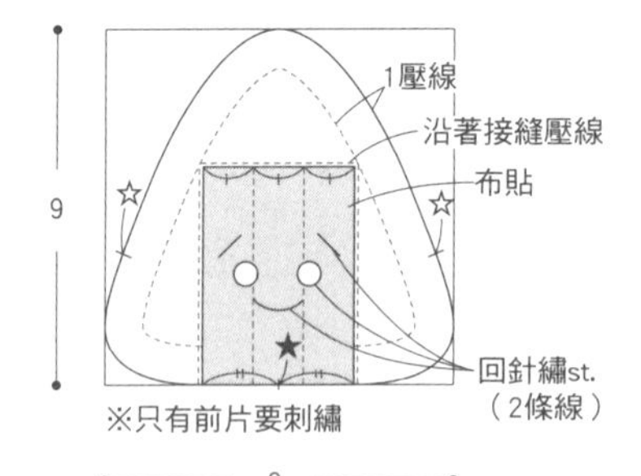

前、後片（內袋為同尺寸2片）
1壓線
沿著接縫壓線
布貼
回針繡st.
（2條線）
※只有前片要刺繡
9
9

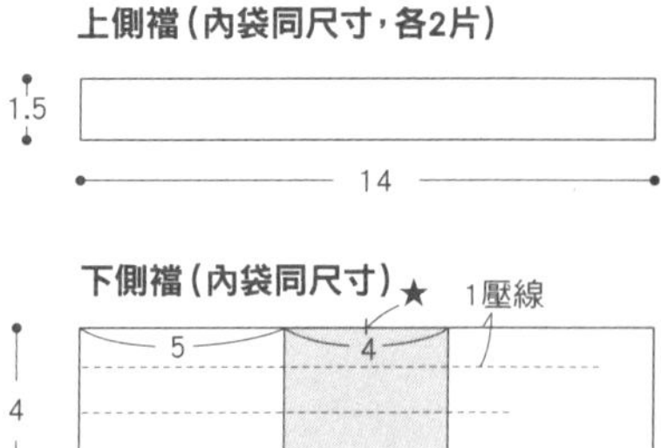

上側襠（內袋同尺寸，各2片）
1.5
14
下側襠（內袋同尺寸）
1壓線
5
4
4
14

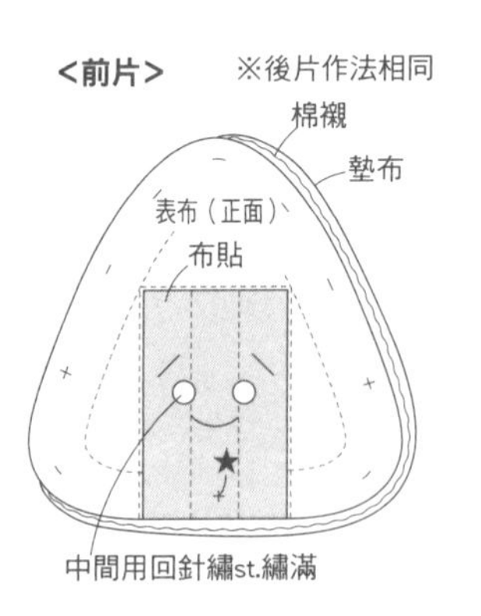

<前片>
※後片作法相同
棉襯
墊布
表布（正面）
布貼
中間用回針繡st.繡滿

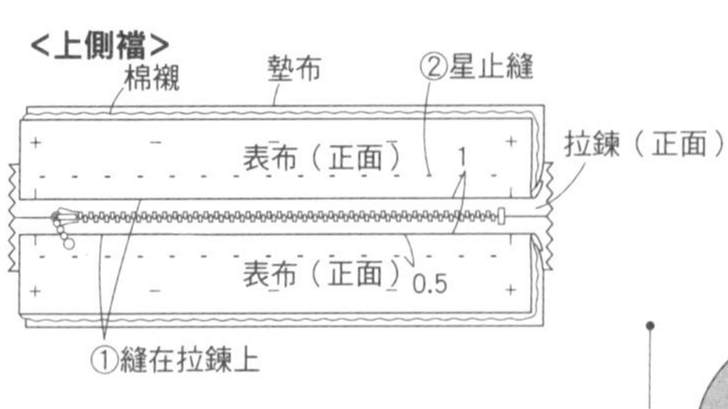

<上側襠>
棉襯
墊布
②星止縫
表布（正面）
1
拉鍊（正面）
表布（正面）
0.5
①縫在拉鍊上

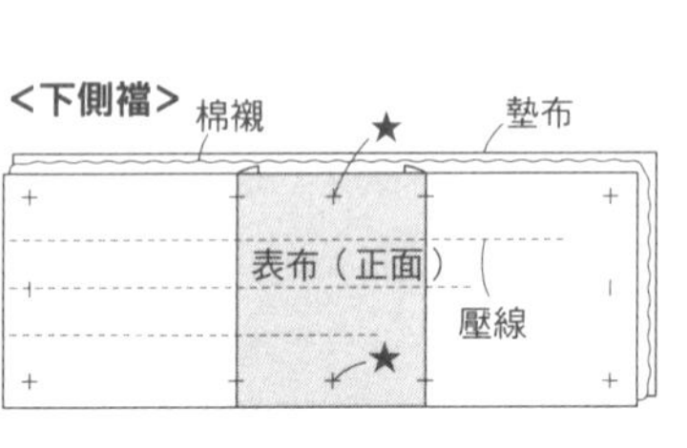

<下側襠>
棉襯
墊布
表布（正面）
壓線

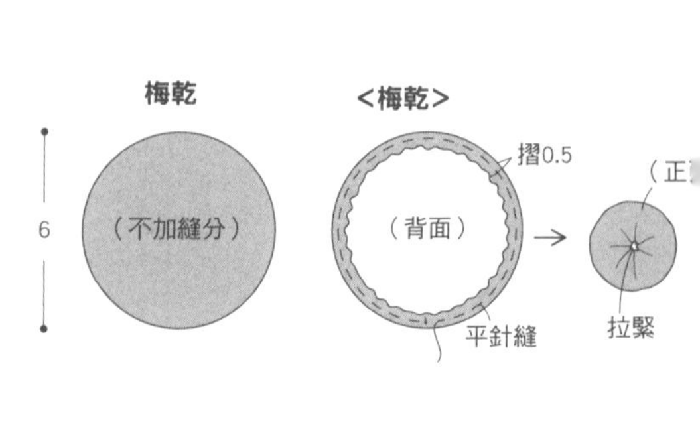

梅乾
6
（不加縫分）
<梅乾>
摺0.5
（背面）
平針縫
拉緊

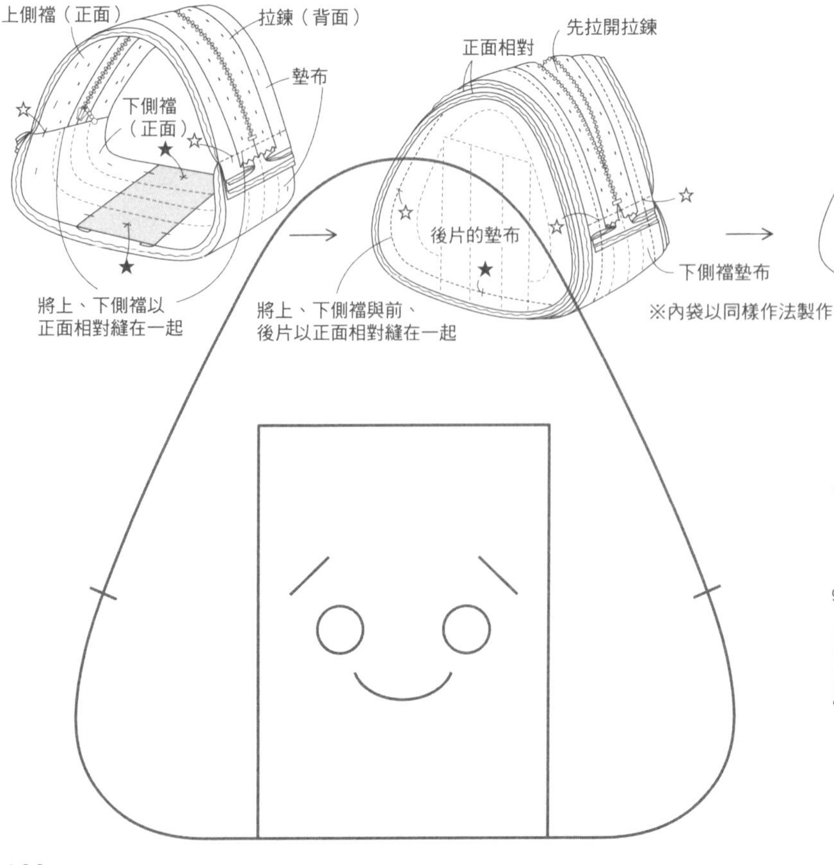

<整合方法>
上側襠（正面）
拉鍊（背面）
墊布
下側襠
（正面）
將上、下側襠以
正面相對縫在一起
正面相對
先拉開拉鍊
後片的墊布
下側襠墊布
將上、下側襠與前、
後片以正面相對縫在一起
※內袋以同樣作法製作

②將本體與內袋以背面相對疊在一起，斜針縫在拉鍊上

後片的內袋（正面）

上側襠的內袋（正面）

①把梅干縫在中央

下側襠的內袋（正面）

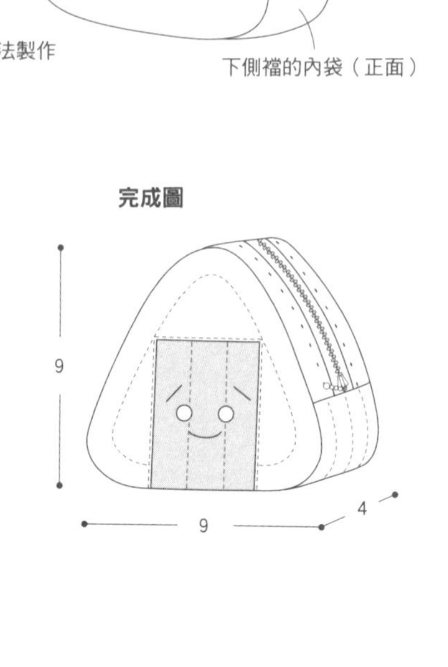

完成圖
9
9
4

▸▸▸p.61

no.48 水果小布包（草莓）

●**材料**

前片、後片、內袋…素色紅布40×30cm
布貼用布…綠色印花布15×15cm
單膠棉襯…30×20cm
緞帶…綠色寬2.5×16cm、格紋寬2×10cm
拉鍊…長10cm1條
5號繡線…米白色適量

●**作法** 參照圖示

●**原寸紙型** P106

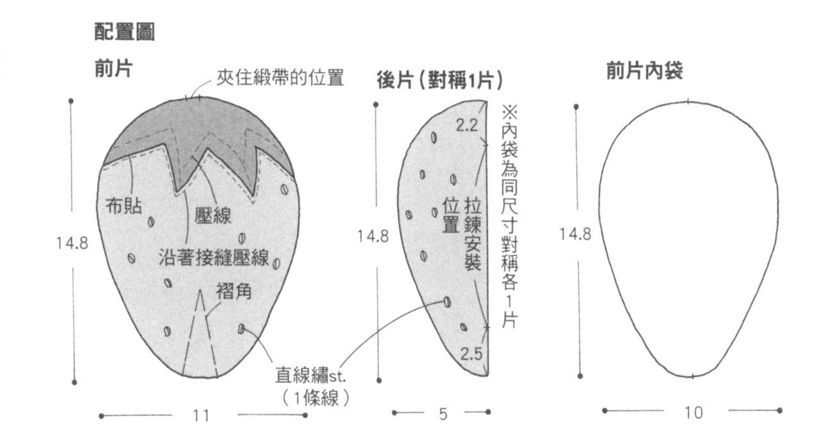

配置圖
前片
夾住緞帶的位置
布貼
壓線
沿著接縫壓線
褶角
直線繡st.（1條線）
14.8
11
後片（對稱1片）
2.2
拉鍊安裝位置
※內袋為同尺寸對稱各1片
14.8
2.5
5
前片內袋
14.8
10

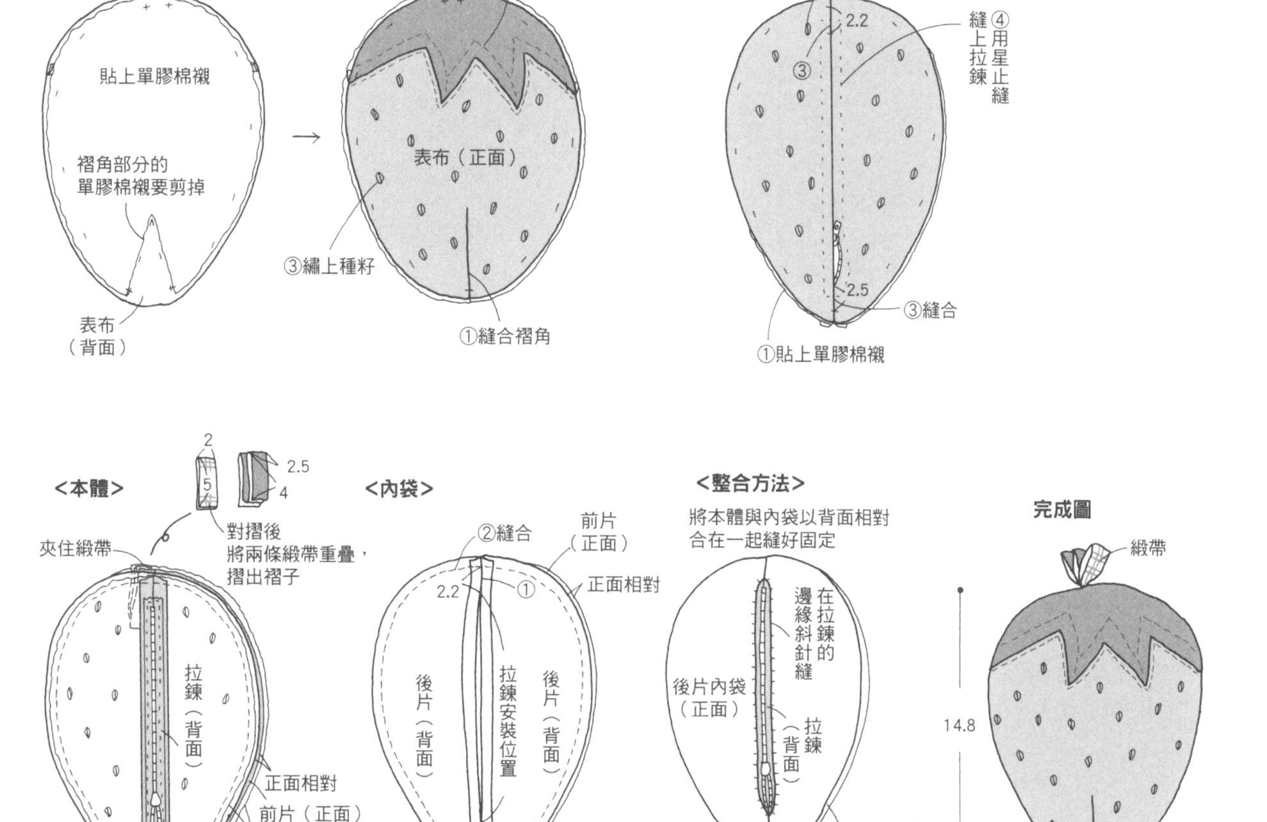

<前片>
貼上單膠棉襯
褶角部分的單膠棉襯要剪掉
表布（背面）
單膠棉襯
②壓線
表布（正面）
③繡上種籽
①縫合褶角
<後片>
②繡上種籽
2.2
③
④用星止縫縫上拉鍊
2.5
③縫合
①貼上單膠棉襯
<本體>
2
5
2.5
4
對摺後將兩條緞帶重疊，摺出褶子
夾住緞帶
拉鍊（背面）
正面相對
前片（正面）
單膠棉襯
後片（背面）
將前、後片以正面相對重疊縫合
※拉鍊要先拉開
<內袋>
②縫合
2.2
①
前片（正面）
正面相對
後片（背面）
拉鍊安裝位置
後片（背面）
2.5
①把左右對稱的後片，以正面相對縫在一起
<整合方法>
將本體與內袋以背面相對合在一起縫好固定
在拉鍊的邊緣斜針縫
後片內袋（正面）
拉鍊（背面）
前片內袋（正面）
完成圖
緞帶
14.8
10

▸▸▸p.61

no.49 水果小布包（西瓜）

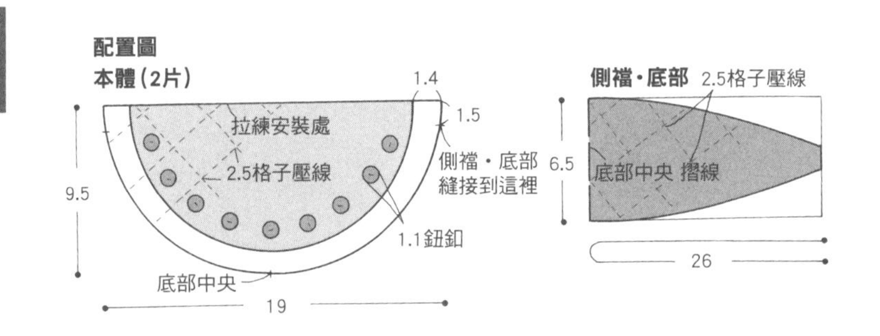

配置圖
本體（2片）
拉練安裝處
2.5格子壓線
1.4
1.5
側檔・底部
縫接到這裡
1.1鈕釦
9.5
底部中央
19
側檔・底部
2.5格子壓線
6.5
底部中央 摺線
26

●材料

拼布用布…素色紅布（包含裡布與端布）60×30cm、素色象牙白30×30cm

側檔・底部…素色綠布（包含裡布）35×20cm

單膠棉襯…50×25cm

鈕釦…黑色直徑1.1cm19個

拉鍊…長19cm1條

●作法　參照圖示

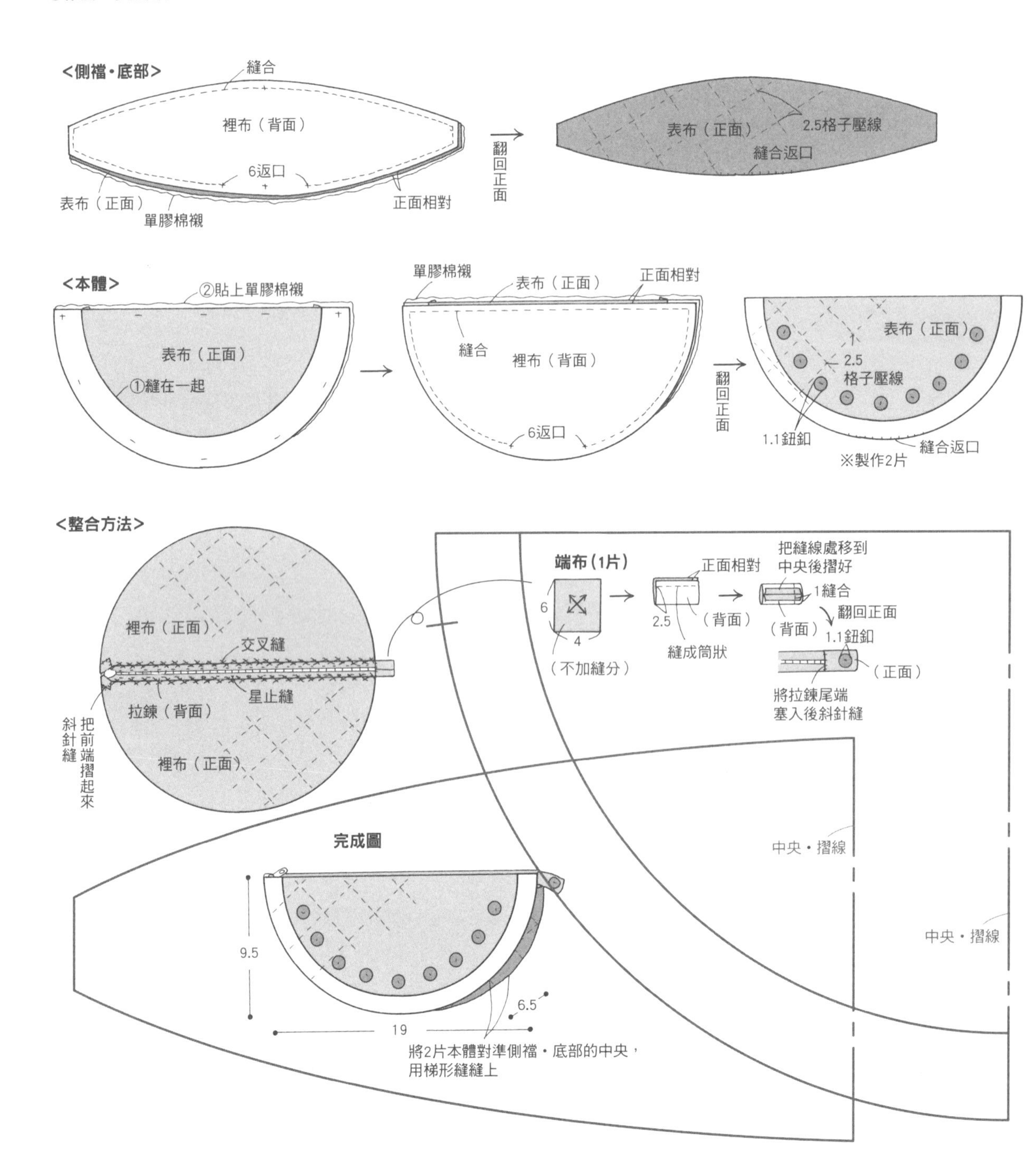

<側檔・底部>
縫合
裡布（背面）
6返口
表布（正面）
單膠棉襯
正面相對
翻回正面
表布（正面）
2.5格子壓線
縫合返口
<本體>
②貼上單膠棉襯
表布（正面）
①縫在一起
單膠棉襯
表布（正面）
正面相對
縫合
裡布（背面）
6返口
翻回正面
表布（正面）
2.5
格子壓線
1.1鈕釦
縫合返口
※製作2片
<整合方法>
裡布（正面）
交叉縫
星止縫
拉鍊（背面）
裡布（正面）
把前端摺起來斜針縫
端布（1片）
6
4
（不加縫分）
正面相對
2.5
（背面）
縫成筒狀
把縫線處移到中央後摺好
1縫合
翻回正面
（背面）
1.1鈕釦
（正面）
將拉鍊尾端塞入後斜針縫
中央・摺線
中央・摺線
完成圖
9.5
19
6.5
將2片本體對準側檔・底部的中央，用梯形縫縫上

▸▸▸ p.61

no.50 水果小布包（草莓束口袋）

●材料

拼布用布…素色紅布（包含繩尾裝飾）20×15cm、素色綠布（包含裡布）30×15cm

彈性圓繩…直徑0.2×80cm

5號繡線…各色適量

●作法 參照圖示

●原寸紙型 P106

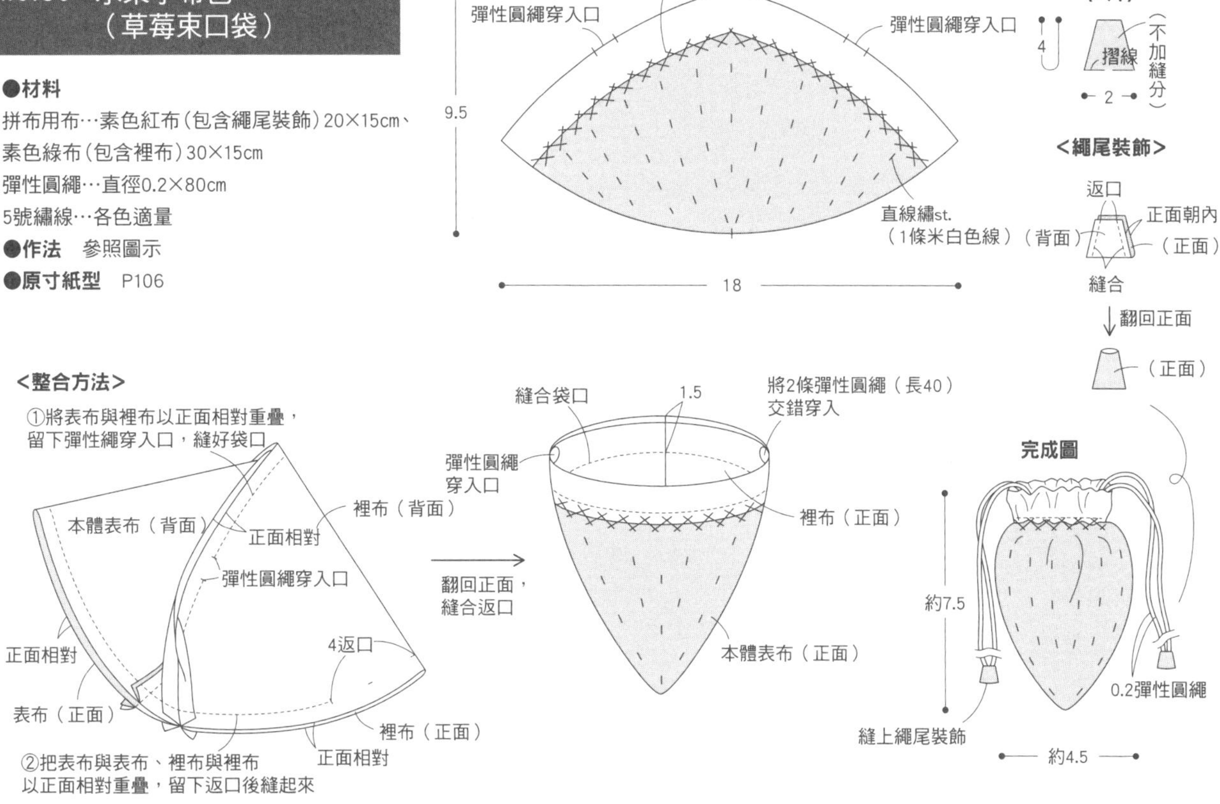

配置圖　本體
人字繡st.（1條綠線）
彈性圓繩穿入口
彈性圓繩穿入口
9.5
直線繡st.
（1條米白色線）（背面）
18
繩尾裝飾
（2片）
4
摺線
不加縫分
2
<繩尾裝飾>
返口
正面朝內
（正面）
縫合
翻回正面
（正面）
<整合方法>
①將表布與裡布以正面相對重疊，
留下彈性繩穿入口，縫好袋口
本體表布（背面）
正面相對
裡布（背面）
彈性圓繩穿入口
正面相對
4返口
表布（正面）
裡布（正面）
正面相對
②把表布與表布、裡布與裡布
以正面相對重疊，留下返口後縫起來
翻回正面，
縫合返口
縫合袋口
1.5
將2條彈性圓繩（長40）
交錯穿入
彈性圓繩
穿入口
裡布（正面）
本體表布（正面）
完成圖
約7.5
0.2彈性圓繩
縫上繩尾裝飾
約4.5

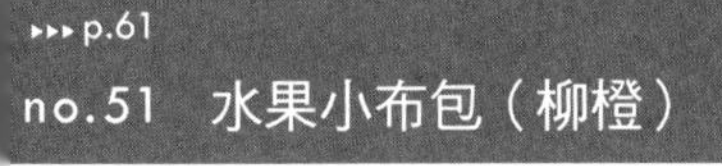

▸▸▸ p.61

no.51 水果小布包（柳橙）

●材料

底布、側檔・底部…橘色布40×25cm

布貼用布…碎布適量

內袋、單膠棉襯…各40×25cm

鈕釦…直徑1.2cm1個

緞帶…寬2.5×5cm

拉鍊…長20cm1條

25號繡線…各色適量

●作法 參照圖示

●原寸紙型 P106

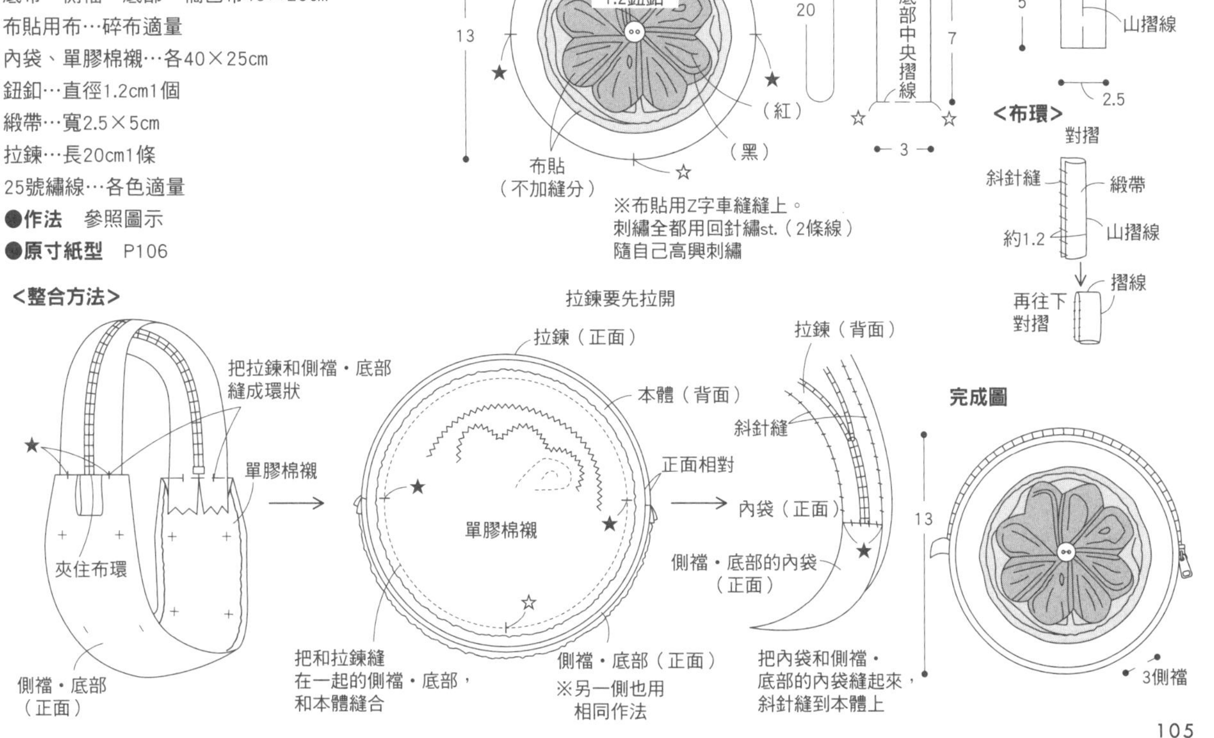

配置圖　本體（內袋為同尺寸各2片）
（翠綠色）
（黑）
1.2鈕釦
13
（紅）
（黑）
布貼
（不加縫分）
※布貼用Z字車縫縫上。
刺繡全都用回針繡st.（2條線）
隨自己高興刺繡
側檔・底部
（內袋尺寸相同）
20
2
底部中央摺線
7
3
布環
緞帶
（不加縫分）
5
山摺線
2.5
<布環>
對摺
斜針縫
緞帶
約1.2
山摺線
摺線
再往下
對摺
<整合方法>
把拉鍊和側檔・底部
縫成環狀
單膠棉襯
夾住布環
側檔・底部
（正面）
拉鍊要先拉開
拉鍊（正面）
本體（背面）
正面相對
單膠棉襯
把和拉鍊縫
在一起的側檔・底部，
和本體縫合
側檔・底部（正面）
※另一側也用
相同作法
拉鍊（背面）
斜針縫
內袋（正面）
側檔・底部的內袋
（正面）
把內袋和側檔・
底部的內袋縫起來，
斜針縫到本體上
完成圖
13
3側檔

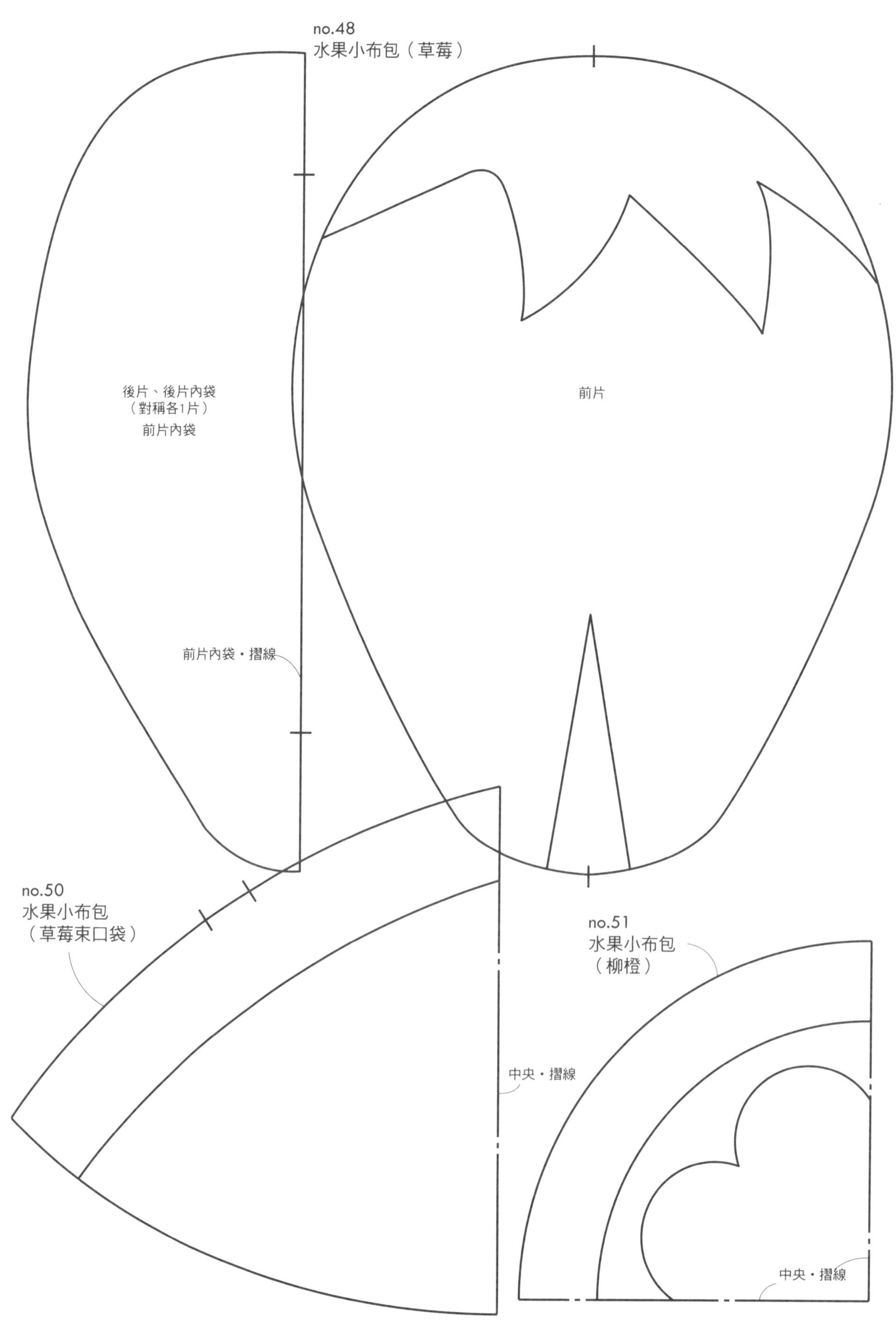
no.48
水果小布包（草莓）
後片、後片內袋
（對稱各1片）
前片內袋
前片
前片內袋・摺線
no.50
水果小布包
（草莓束口袋）
中央・摺線
no.51
水果小布包
（柳橙）
中央・摺線

▸▸▸ p.62

no.52 小鳥小布包

●材料

本體…印花布40×15cm
翅膀…印花布20×20cm
裡布、單膠棉襯…各40×25cm
拉鍊…長45cm1條（只用單邊）
亮片、圓形小串珠…各2個
小吊飾…1個

●作法 參照圖示

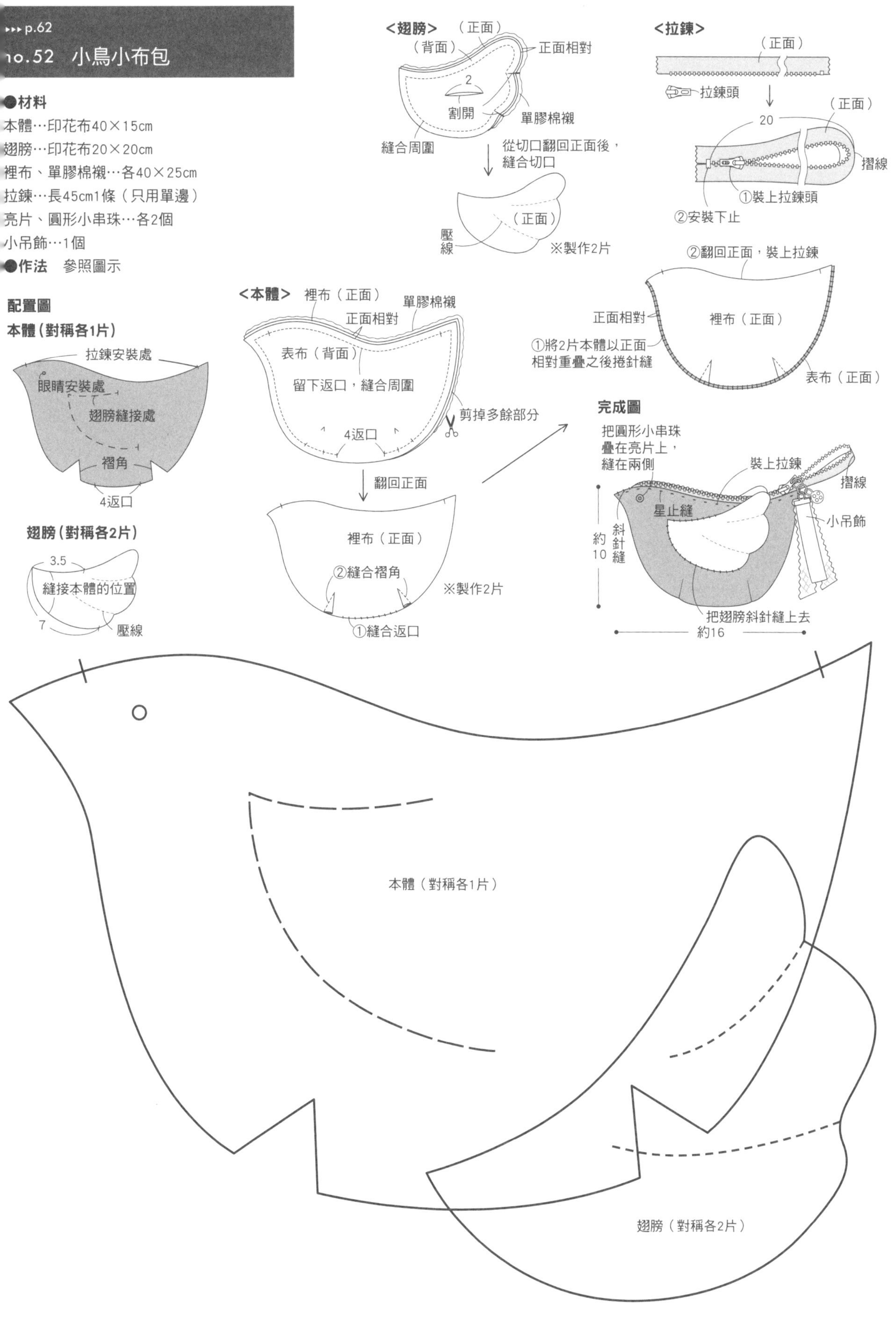
配置圖
本體（對稱各1片）
拉鍊安裝處
眼睛安裝處
翅膀縫接處
褶角
4返口
翅膀（對稱各2片）
3.5
縫接本體的位置
7
壓線
<翅膀>
（正面）
（背面）
正面相對
2
割開
單膠棉襯
縫合周圍
從切口翻回正面後，
縫合切口
（正面）
壓線
※製作2片
<拉鍊>
（正面）
拉鍊頭
（正面）
20
摺線
①裝上拉鍊頭
②安裝下止
<本體>
裡布（正面）
單膠棉襯
正面相對
表布（背面）
留下返口，縫合周圍
剪掉多餘部分
4返口
翻回正面
裡布（正面）
②縫合褶角
※製作2片
①縫合返口
②翻回正面，裝上拉鍊
正面相對
裡布（正面）
①將2片本體以正面
相對重疊之後捲針縫
表布（正面）
完成圖
把圓形小串珠
疊在亮片上，
縫在兩側
裝上拉鍊
摺線
星止縫
小吊飾
約10
斜針縫
把翅膀斜針縫上去
約16
本體（對稱各1片）
翅膀（對稱各2片）

▸▸▸ p.63

no.53 金魚小布包

●**材料**

身體、腹部…印花布40×20cm

尾鰭、背鰭、胸鰭…印花布40×20cm

內袋、單膠棉襯…各30×30cm

鈕釦…直徑1.5cm2個

拉鍊…長10cm1條

25號繡線…粉紅色適量

●**作法** 參照圖示

●**原寸紙型** P109

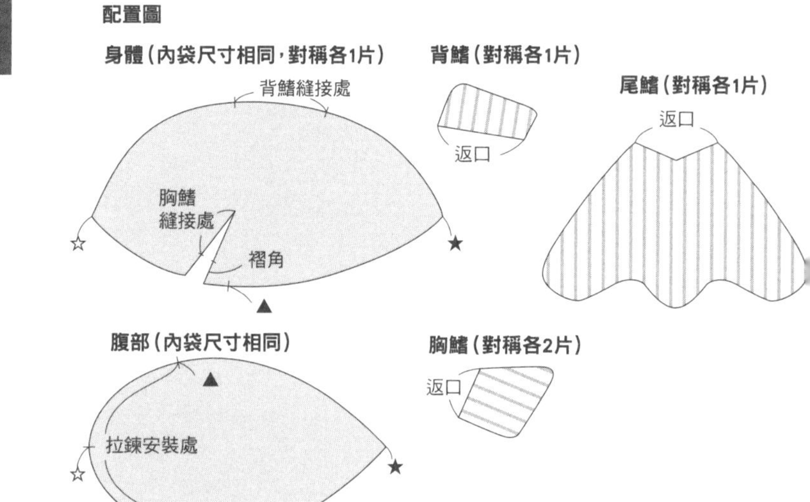

配置圖
身體（內袋尺寸相同，對稱各1片）
背鰭縫接處
胸鰭
縫接處
褶角
背鰭（對稱各1片）
返口
尾鰭（對稱各1片）
返口
腹部（內袋尺寸相同）
拉鍊安裝處
胸鰭（對稱各2片）
返口

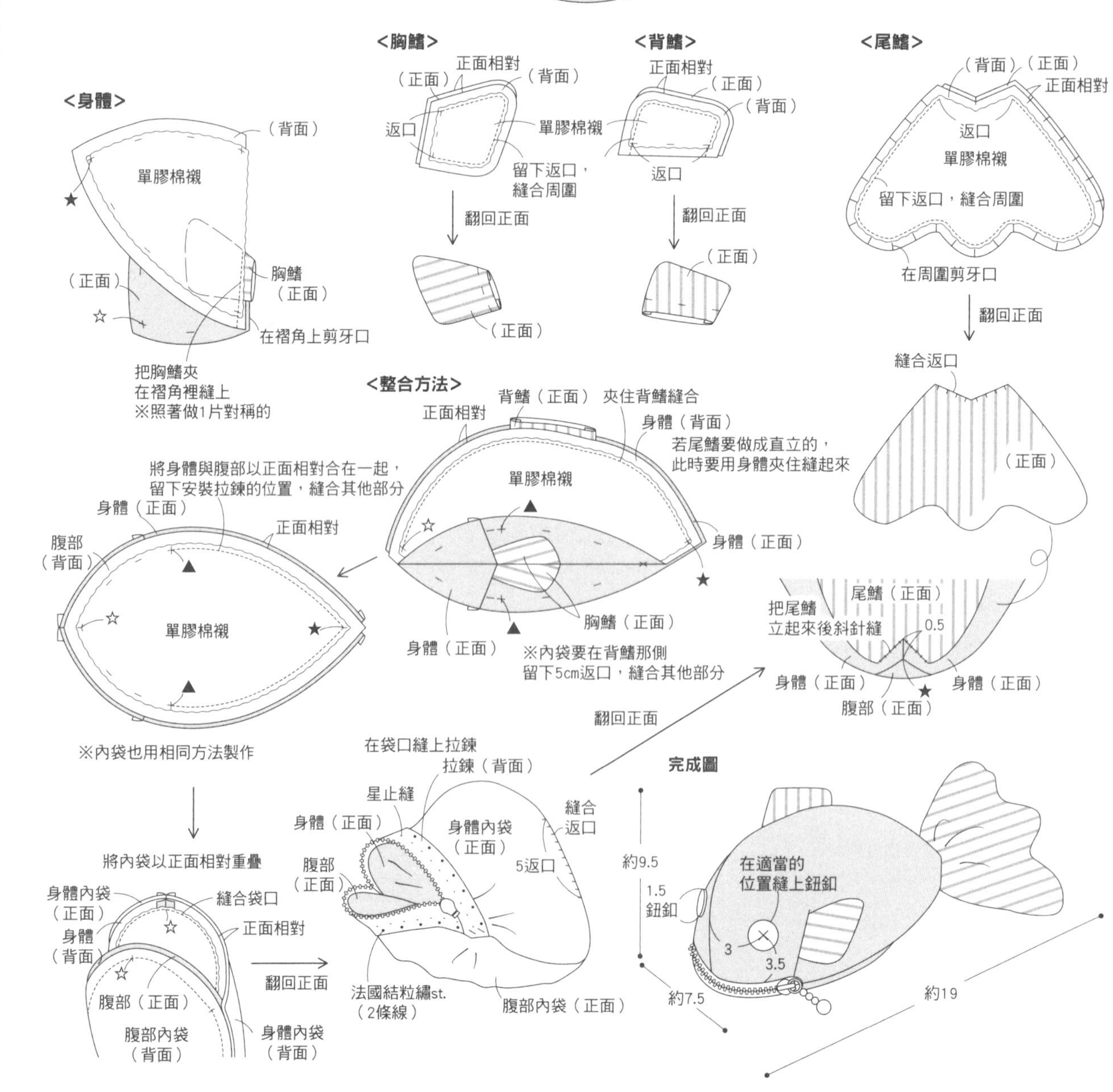

<胸鰭>
正面相對
（正面）
（背面）
返口
單膠棉襯
留下返口，
縫合周圍
翻回正面
（正面）
<背鰭>
正面相對
（正面）
（背面）
返口
翻回正面
（正面）
<尾鰭>
（背面）
（正面）
正面相對
返口
單膠棉襯
留下返口，縫合周圍
在周圍剪牙口
翻回正面
縫合返口
（正面）
<身體>
（背面）
單膠棉襯
（正面）
胸鰭
（正面）
在褶角上剪牙口
把胸鰭夾
在褶角裡縫上
※照著做1片對稱的
<整合方法>
背鰭（正面）
夾住背鰭縫合
正面相對
身體（背面）
若尾鰭要做成直立的，
此時要用身體夾住縫起來
單膠棉襯
身體（正面）
胸鰭（正面）
身體（正面）
※內袋要在背鰭那側
留下5cm返口，縫合其他部分
將身體與腹部以正面相對合在一起，
留下安裝拉鍊的位置，縫合其他部分
身體（正面）
正面相對
腹部
（背面）
單膠棉襯
※內袋也用相同方法製作
尾鰭（正面）
把尾鰭
立起來後斜針縫
0.5
身體（正面）
身體（正面）
腹部（正面）
翻回正面
將內袋以正面相對重疊
身體內袋
（正面）
縫合袋口
身體
（背面）
正面相對
腹部（正面）
腹部內袋
（背面）
身體內袋
（背面）
翻回正面
在袋口縫上拉鍊
拉鍊（背面）
星止縫
身體（正面）
身體內袋
（正面）
縫合
返口
腹部
（正面）
5返口
法國結粒繡st.
（2條線）
腹部內袋（正面）
完成圖
約9.5
在適當的
位置縫上鈕釦
1.5
鈕釦
3
3.5
約7.5
約19

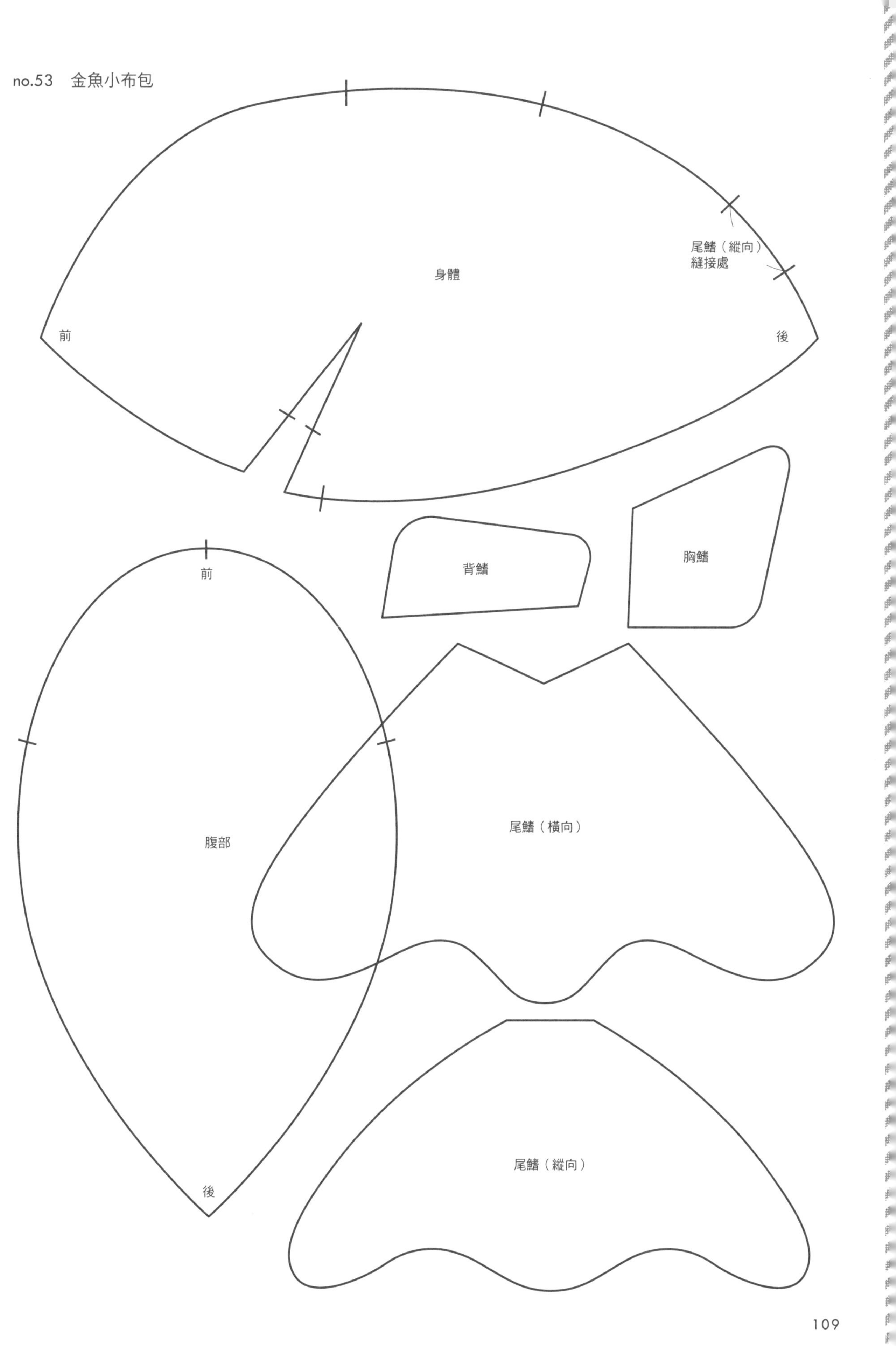
no.53　金魚小布包
身體
前
後
尾鰭（縱向）
縫接處
背鰭
胸鰭
前
腹部
後
尾鰭（橫向）
尾鰭（縱向）

▸▸▸p.64

no.54 橄欖球形 修容包

●材料

本體…包含撥水加工布或皺紋紙的碎布適量

墊布、單膠棉襯…各50×70cm

內袋…白色防水布70×30cm

拉鍊…長23cm2條

綿織帶…1.5×20cm2條

●作法

①把單膠棉襯貼在墊布上，疊上碎布，以Z字車縫。裁剪出8片本體與2片布環。

②參照圖示，將8片本體以正面相對重疊縫合，縫上2條拉鍊。

③分別製作2片布環與內袋。

④將②的兩端平針縫，縫上布環。

⑤將④與內袋以背面相對重疊，將拉鍊口以交叉縫固定。

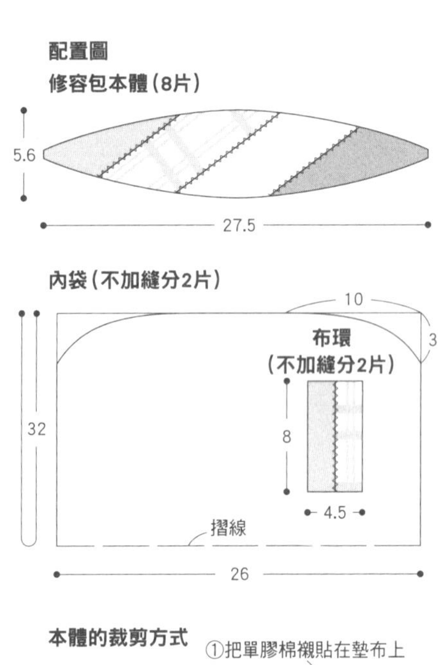

配置圖
修容包本體(8片)
5.6
27.5
內袋(不加縫分2片)
10
3
32
布環
(不加縫分2片)
8
4.5
摺線
26

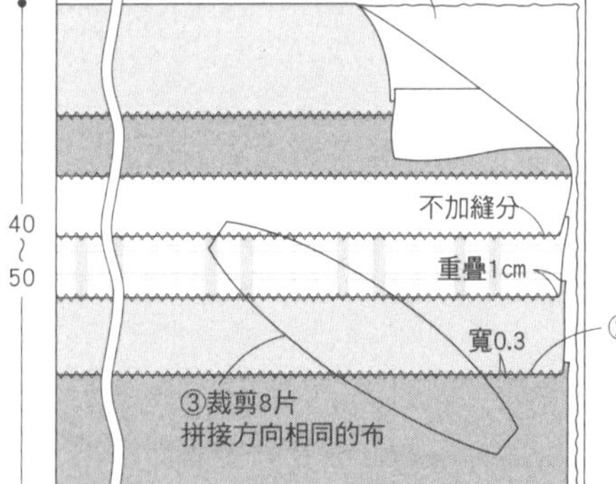

本體的裁剪方式
①把單膠棉襯貼在墊布上
不加縫分
重疊1cm
寬0.3
②依喜好疊上碎布，以Z字車縫
③裁剪8片
拼接方向相同的布
40～50
60～70

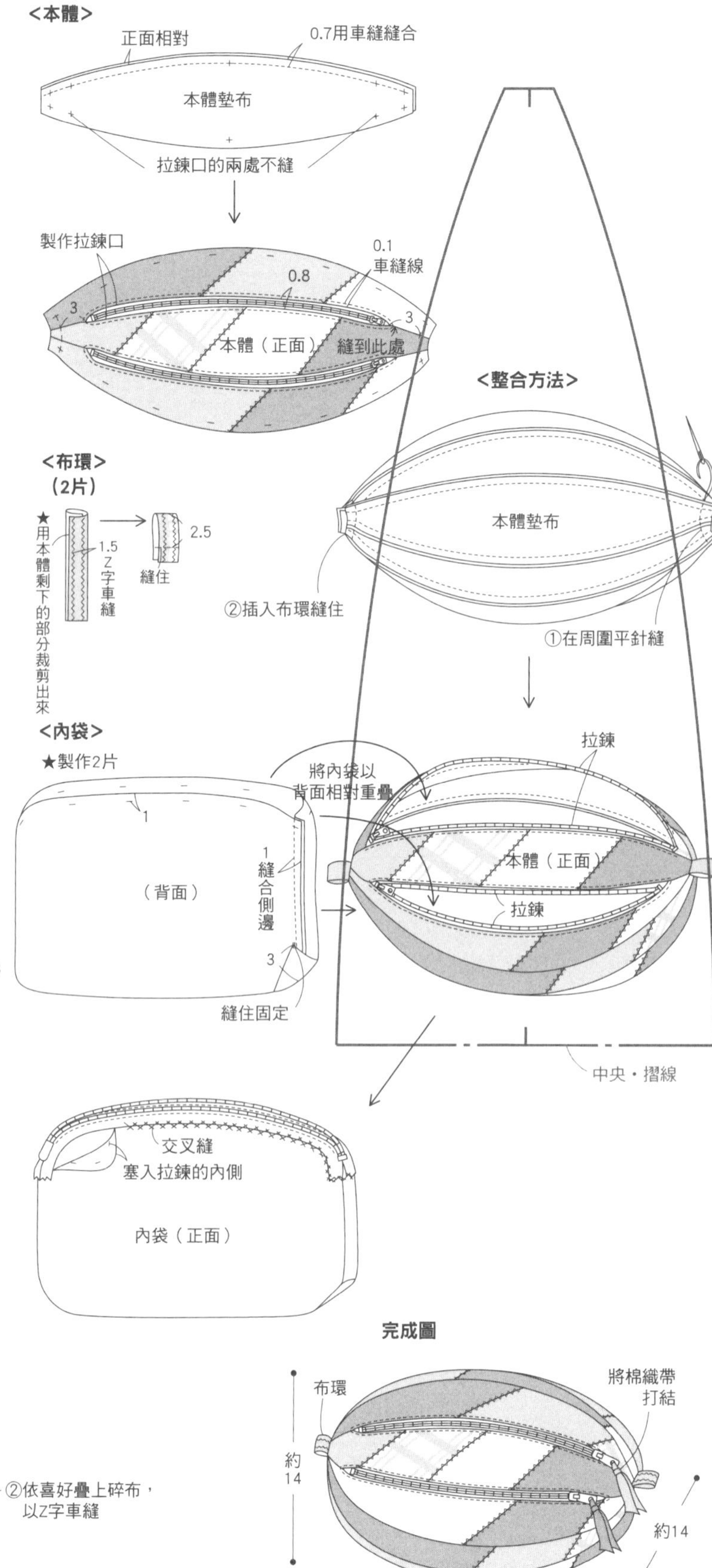

<本體>
正面相對
0.7用車縫縫合
本體墊布
拉鍊口的兩處不縫
製作拉鍊口
0.1
車縫線
0.8
3
3
本體（正面）
縫到此處
<布環>
(2片)
★用本體剩下的部分裁剪出來
1.5
Z字車縫
2.5
縫住
<內袋>
★製作2片
1
(背面)
1
縫合側邊
3
縫住固定
<整合方法>
本體墊布
②插入布環縫住
①在周圍平針縫
拉鍊
將內袋以背面相對重疊
本體（正面）
拉鍊
中央・摺線
交叉縫
塞入拉鍊的內側
內袋（正面）
完成圖
布環
將棉織帶打結
約14
約14
約21

no.22　三種尺寸的好用迷你小布包

本體、內袋（不加縫分）

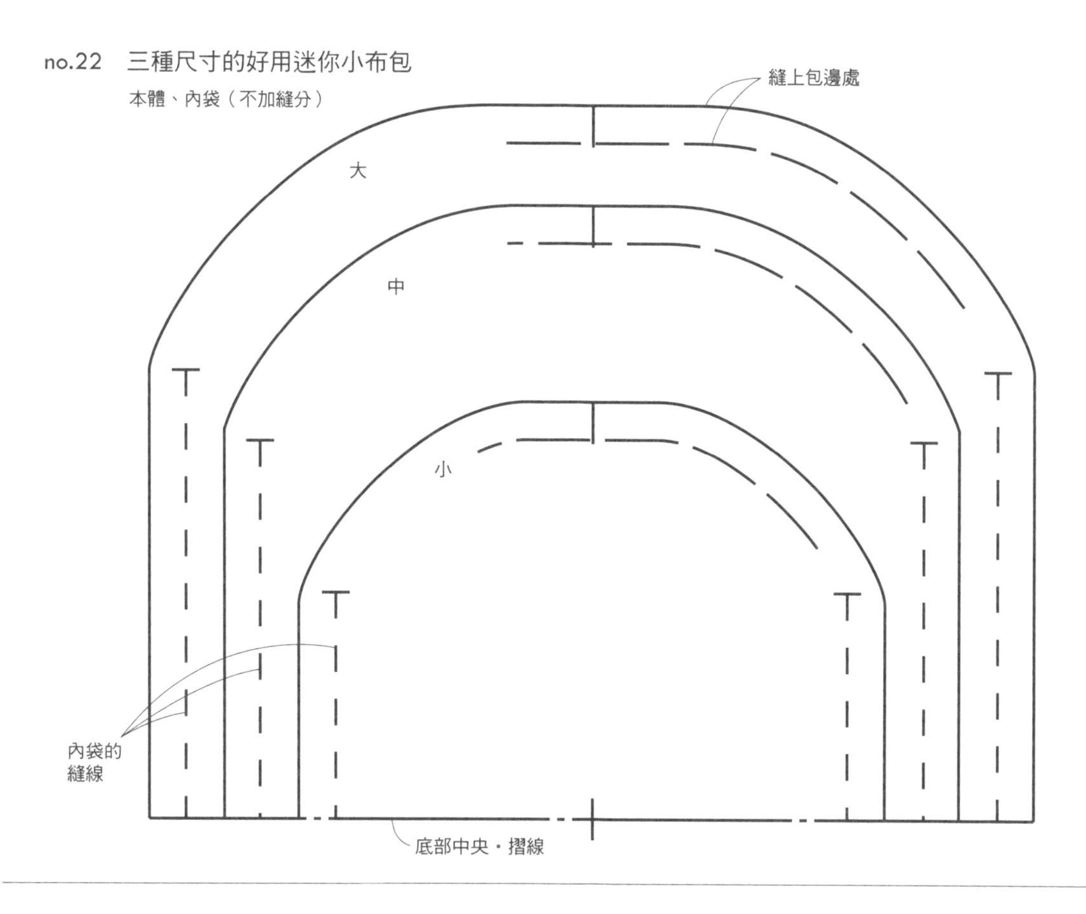
縫上包邊處
大
中
小
內袋的
縫線
底部中央・摺線

no.25　外形雖小容量超大的大側襠小布包

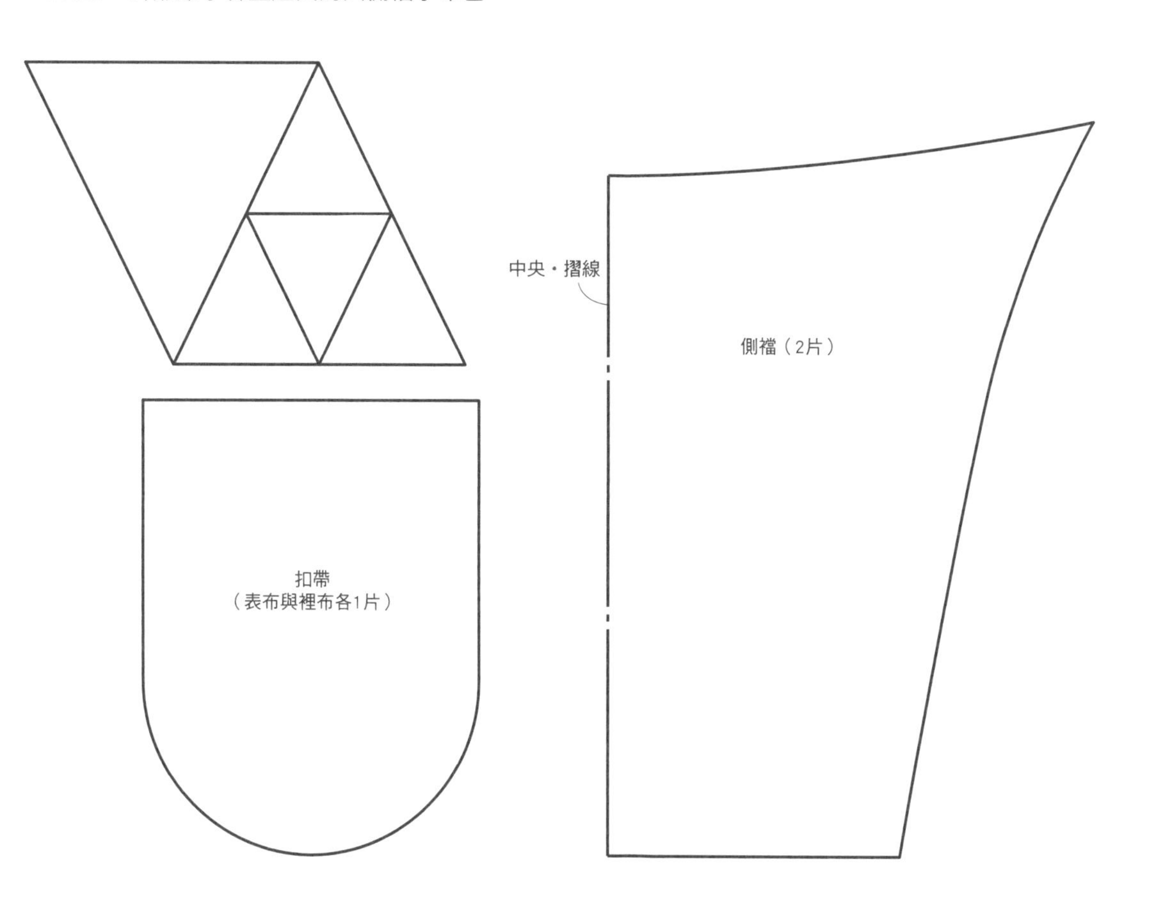
中央・摺線
側襠（2片）
扣帶
（表布與裡布各1片）

日文版Staff

藝術總監　成澤 豪（なかよし図工室）
設計　成澤宏美（なかよし図工室）
攝影　宮下昭徳、山本正樹、渡辺淑克、木谷基一、白井由香里、森谷則秋、森村友紀
插畫　小池百合穂
複寫　株式会社ウエイド（手芸制作部）
協力編輯　宮本みえ子
編輯　加藤麻衣子

MARUGOTO POUCH BOOK(NV70460)

Photographers:Akinori Miyashita, Masaki Yamamoto,
Toshikatsu Watanabe, Motokazu Kidani, Yukari Shirai,
Noriaki Moriya, Yuki Morimura
Originally published in Japan in 2018 by NIHON VOGUE Corp.
Chinese translation rights arranged through
TOHAN CORPORATION, TOKYO.

MY POUCH！我的手作隨身布包

2018年6月1日初版第一刷發行

編　　著　日本ヴォーグ社
譯　　者　梅應琪
編　　輯　邱千容
發 行 人　齋木祥行
發 行 所　台灣東販股份有限公司
＜地址＞台北市南京東路4段130號2F-1
＜電話＞(02)2577-8878
＜傳真＞(02)2577-8896
＜網址＞http://www.tohan.com.tw
郵撥帳號　1405049-4
法律顧問　蕭雄淋律師
總 經 銷　聯合發行股份有限公司
＜電話＞(02)2917-8022
香港總代理　萬里機構出版有限公司
＜電話＞2564-7511
＜傳真＞2565-5539

Printed in Taiwan.

TOHAN

國家圖書館出版品預行編目資料

MY POUCH! 我的手作隨身布包 / 日本ヴォーグ社編著 ; 梅應琪譯. -- 初版. -- 臺北市 : 臺灣東販, 2018.06
112面 ; 19×25.7公分
譯自 : まるごとポーチ BOOK
ISBN 978-986-475-686-5(平裝)

1. 手提袋 2. 手工藝

426.7　　107006755